科普小天地
科學超有趣
動物
洋洋兔 編繪

前言

最會講故事的動物漫畫書

動物世界充滿了無窮無盡的趣味和奧妙。

究竟通過甚麼方式才能讓孩子更好地學習動物知識呢？這是很多家長關心的問題。

如果只是單純地用圖畫和文字來介紹動物知識，未免有點兒單調和缺乏想像力，很難引起孩子的閱讀興趣。如果能夠將豐富多彩的動物知識融入有趣好玩的漫畫故事中，並用生動活潑的語言講述出來，相信一定會讓孩子產生濃厚的興趣！

《科學超有趣：動物》主要用漫畫故事的形式介紹了千奇百怪的魚、哺乳動物、神奇的鳥兒和各種恐龍等有趣的動物知識。比如，魚為甚麼適合生活在水裏？孔雀為甚麼會開屏？負鼠究竟是如何裝死的？有的恐龍為甚麼會有兩個大腦？……

除了可以幫助孩子學習知識，拓寬視野，更重要的是，這本書可以讓孩子內心變得更豐富、更充實、更有想像力！

目錄

千奇百怪的魚

哺乳動物

神奇的鳥兒

恐龍時代

地球動物進化時間表

● 地球生物的進化是一個遙遠而漫長的歷史過程。從 27 億年前簡單細胞動物的出現開始，地球生物由此開啓了向前進化發展的漫漫歷程。直到 700 萬年前，原始人類開始出現為止，地球生物終於形成了一個完整的進化過程。

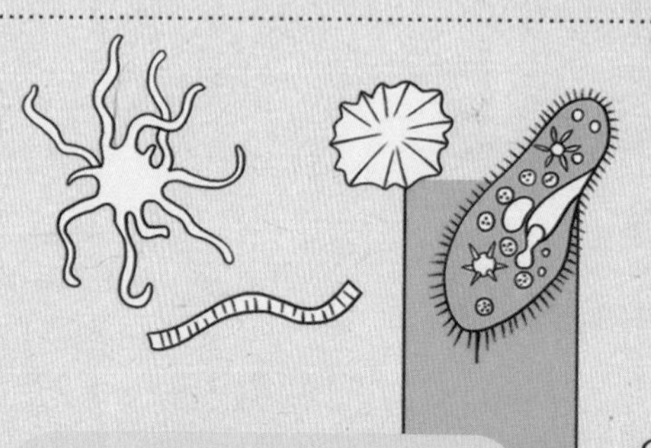

● 簡單的細胞動物

27 億年前，開始出現簡單的細胞動物。其是一種圓筒形的只有一個細胞的原始生物。

● 多細胞動物

6.7 億年前，多細胞動物開始出現。其形體被切開後可以重新組織。

● 有殼動物

5.4 億年前，沒有脊椎的有殼動物出現。後來有些有殼動物的殼會逐漸退化。

● 兩棲動物

3.5 億年前，由魚類進化而來的兩棲動物出現。牠們既能活躍於陸地，又能游動於水中。

● 魚類

4.9 億年前，魚類出現。牠們是最古老的脊椎動物，幾乎棲居於地球上所有的水生環境。

• 原始人類

700 萬年前，開始出現能直立行走的原始人類。據研究，南方古猿是最早的原始人類。

• 靈長類動物

6000 萬年前，開始出現靈長類動物。目前靈長類動物是動物界最高等的類群。

• 哺乳動物

2 億年前，哺乳動物出現。牠們大部份都是胎生，並藉由乳腺哺育後代。

• 爬行動物

3.1 億年前，爬行動物出現。牠們是脊椎動物，可以適應各種不同的陸地生活環境。

人物介紹

小野人

男生，從原始森林裏來，力氣巨大，語言簡短，不會很複雜的表達，對現代生活充滿了好奇，不過也鬧了許多笑話，酷愛打獵，甚麼都想獵取。

都市女生 TT

愛美，愛炫耀，聰明女生，在與小野人接觸的過程中，教會小野人許多城市生活的知識。

寵物熊貓黑眼圈

愛吃爆谷，無所不知，卻又喜歡裝傻，睡覺是他一生的樂趣。

千奇百怪的魚

魚類是一種最古老的脊椎動物，也是我們經常能見到的一種動物。池塘、河流、湖泊、海洋……幾乎所有的水生環境裏都能看到牠們的身影。

對於小朋友們來説，魚可能並不陌生。但在自然界，魚可是千奇百怪的哦！有的嘴巴細長如劍，有的形似一片枯葉，有的兩隻眼睛長在同一側，有的長得像一面扇子，有的還能放電……

這些奇怪的魚，小朋友們都聽説過嗎？是不是很想好好見識一番呢？

會變成氣球的河豚

這次我們來個海洋考察。
黃金綿羊號
這個是高科技壓縮氧膠囊，吃下去，在水裏就能自由呼吸，如同在陸地上一樣！

最近下海下多了，腦子有點缺氧啦！
東翻西找

緩慢
這是河豚啦！它的皮非常硬，以前還被人用來做頭盔呢！
哦？那我要捕一隻！
戳！
哇！好硬的皮，吃起來一定很費力。
嗯嗯！快點！河豚肉還非常鮮美吶……

嘩啦！
大口吸氣
啊！牠變成氣球啦！
啊！這是我養的寵物河豚，被你們弄死了！

我可憐的小
乖啊！就這
麼走了啊！
你們快點賠
錢！一隻河
豚一千塊！
啊？我們沒有
那麼多錢啊！
小野人，別被他騙了！河豚沒有死啦，
河豚可以用氣囊吞氣，使身體膨脹起來，
像氣球一樣漂在水面上裝死，而且這樣
圓滾滾的樣子，也讓想吃牠的大魚難以
下嘴，就可以逃過一劫啦！
你看，牠一會兒就
恢復原樣！
呼
真的呀！牠又
活過來啦！
逃之夭夭

大騙子！
你這個壞人，居然騙我們！
哼！居然被看穿了……
你們慢慢玩。

TT，我們抓一隻吃吧！
河豚是有劇毒的魚哦，牠的毒性是劇毒藥品氰化鈉的1250倍，只需要0.48毫克就能致人死亡！
我剛剛摸了牠，不會中毒吧？
不會啦，你又沒有吃牠。
要是讓你知道牠能吃，還不把我吃窮了！
呼……還好！

用劍高手——劍魚

對啊，TT你不是講過《木偶奇遇記》的故事嗎？只要説謊，鼻子就會變長。這條魚的鼻子那麼長，肯定是因為經常説謊。

笨！那是劍魚啦！長長的那個是它的嘴，不是鼻子。
那為甚麼不叫長嘴魚？

劍魚的上頜形狀扁平，中間厚，兩邊薄，就像一柄鋒利的寶劍，所以叫作劍魚。

隨身帶着寶劍，真帥啊！
劍魚的長頜可不只是裝飾，更是牠保護自己的武器哦！

我知道！我知道！牠一定是個劍術高手！

嗯，跟你猜的差不多。劍魚捕食時，會先用上下頜將小魚打暈再吃掉，而且牠游動起來的時速可達 103 千米，和火車差不多呢！
哇！速度像火車一樣？被牠撞到一定很痛！
劍魚的脾氣也很大，經常會攻擊船隻。高速前進的劍魚，甚至能用上頜穿透厚達 50 厘米的船板呢！
簡直就是高手中的高手！
果然是高手啊！

魚為甚麼適合生活在水中？

除極少數地區外，無論從兩極到赤道，或是由高原到深海，都有魚類生存。那麼，魚有哪些主要特徵？魚鰭有甚麼作用？魚在水下如何呼吸？

小貼士：魚類不但種類多，而且體形多種多樣。

生活在水裏的魚・魚的主要特徵

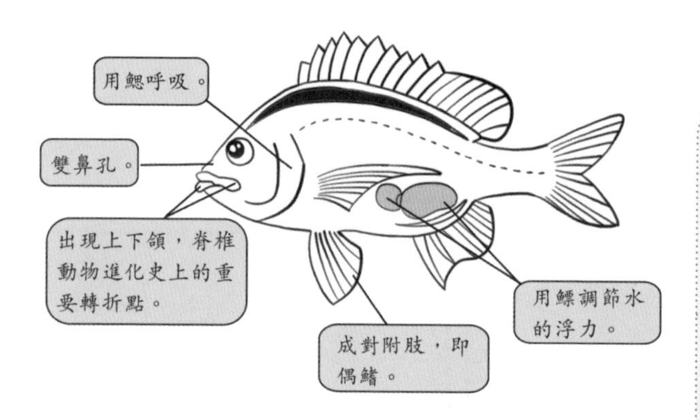

魚的各種體形

紡錘形：如紡錘蛇鯖，適應快速持久游泳。

側扁形：如側扁黃黝魚，游泳不多，但很敏捷。

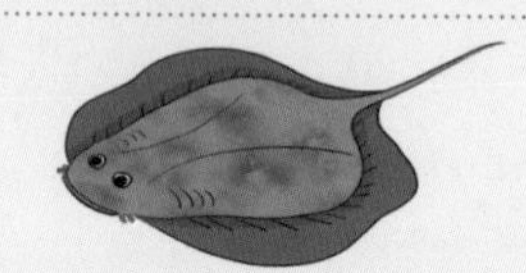
平扁形：如蝙蝠魚，行動遲緩，底棲生活。

河豚形：如潛水艇魚，不善於游泳。

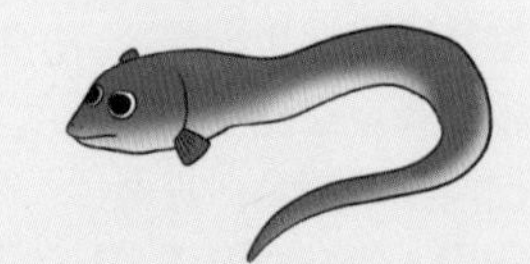
鰻鱺形：如鱔魚，穴居生活。

魚類睜眼睡覺

魚是最低等的脊椎動物，牠們的眼睛一般都比較大。這可能與水中的光線較弱有關，所以，魚往往都是近視眼。

魚沒有真正的眼瞼，眼睛完全裸露而不能閉合，因此人們認為魚總是睜着眼而從不睡覺。其實魚也和其他動物一樣，每天都是要睡覺的，只不過牠們都是睜着眼睛睡覺的。有些魚在白天睡，有些魚在晚上睡。在夜間，人們打開水族館的燈光，可以看到魚睡覺的姿勢是不同的。

比目魚平時愛潛伏在水底，有趣的是，當牠們需要睡眠時，反而漂浮在水面上。

魚鰭的作用

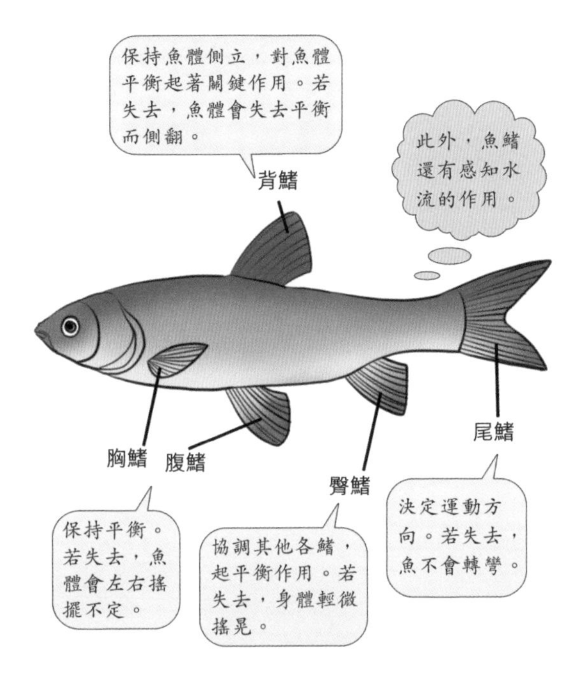

幾乎沒有尾巴的翻車魚

翻車魚是世界上最大、形狀最奇特的魚之一。牠們的身體又圓又扁，像個大碟子。魚身和魚腹上各有一個長而尖的鰭，而尾鰭卻幾乎不存在。牠們看上去好像後面被削去了一塊似的。

翻車魚主要以水母為食，用微小的嘴巴將食物鏟起。牠們常常在水面曬太陽，儘管其形狀笨拙，但有時也會躍出水面。

魚在水中如何呼吸？

魚之所以能在水中呼吸，是因為牠有鰓。在魚頭的兩側，分別有兩塊很大的蓋，那就是鰓蓋，鰓蓋裏面的空腔叫鰓腔。

魚在水中游泳時，鰓的每個鰓片、鰓絲都完全張開，使鰓和水的接觸面積擴大，以增加攝取水中氧氣的機會。由於嘴和鰓蓋的交替開閉，可以使水不斷由口進入口腔，經咽到達鰓腔，與鰓絲接觸，然後由鰓孔排到外面，魚的呼吸作用就是在這個過程中完成的。魚鰓很奇特，魚鰓是幫助魚呼吸的，但吸收的不是空氣中的氧氣，而是水中的溶解氧。

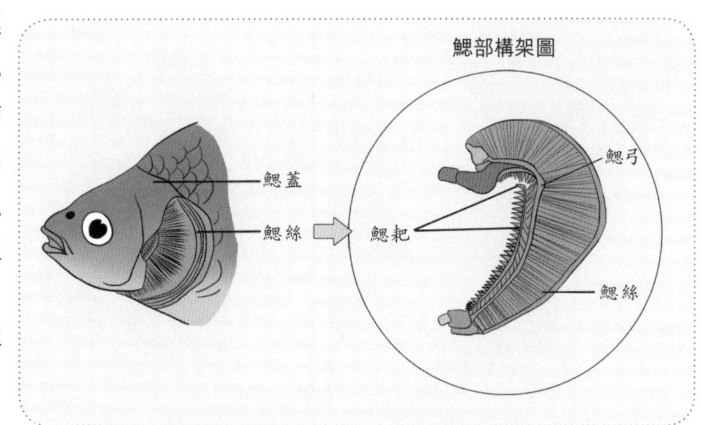

長得像樹葉的
枯葉魚

釣魚要像我
這樣。
靜靜地、優
雅地等待魚
兒上鈎。
不都是抓
魚嘛！
搖擺

哈哈！魚上
鈎啦！

原來是一片樹葉
呀！TT 你的水平
也不過如此嘛！
你看清
楚了！
慌裏慌張

看到了吧？這可是如假包換的魚！
牠叫枯葉魚，長得和樹葉非常像！
這就是枯葉魚的偽裝，平時牠漂浮在水面上，小魚都以為牠就是一片枯葉，就放心地經過，這時枯葉魚就張開嘴把小魚「啊嗚」一口吃掉。
還有，當牠遇到危險的敵人時，就會假裝成一片樹葉，騙過敵人的眼睛。
真是個偽裝專家！

TT 你看！我也釣到了！是一條很帥氣的靴子魚呢！
靴、靴子魚……
我們對他的智商一定要寬容……

會放電的電鰻

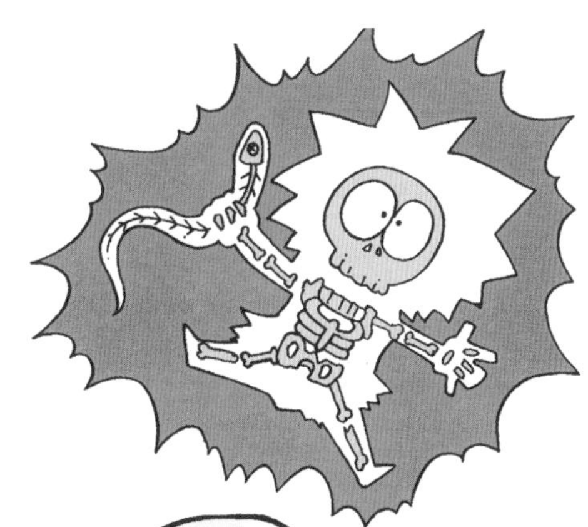

電鰻是一種魚啦！放電是牠特有的能力！這種能力不僅可以幫助牠捕獲獵物，還可以逃避天敵。
電鰻一般情況下可以釋放出 300 至 800 伏的電壓，能很輕易地電死比牠小的動物，有時候甚至能電死馬和牛呢！
還好我沒去抓牠，不然肯定跟被雷劈到一樣痛！
哇！
還好你沒有被真的被雷劈到，不然肯定比現在還要笨……

那個……
我記不清楚了，熊貓你說！
TT，電鰻會電到自己嗎？

TT 學藝不精啊！因為水的電阻比電鰻身體的電阻小得多，所以電鰻在水裏放電時，電流無法通過電鰻的身體，就不會被自己電到啦！
我想起來啦！如果把電鰻抓出水面的話，空氣的電阻比較大，牠再放電就會電到自己啦！
啊！
呀！
那麼，只要把電鰻抓到陸地上，就可以放心地做成美味的鰻魚飯啦！
原來如此！

電魚為甚麼會放電？

會放電的魚，就叫電魚。常見的電魚有哪些？電魚的電量是多少？電魚有天敵嗎？

小貼士： 由於電魚的種類不同，所以發電器官的形狀、位置、電板數都不一樣。

喜歡放電的魚 · 電魚發電的奧妙

電魚都有一套獨特的發電器官，就像我們常見的蓄電池，它是由肌肉細胞演變而成的。電魚的發電器官由許多塊「電板」所組成。一般電魚體中的「電板」為扁平狀，厚度只有 7-10 微米，直徑可至 4-8 毫米。

當神經系統傳來一個指令信號時，「電板」的一面產生急轉電勢，而另一面不受神經控制，仍是原來的靜息電位狀態。由此，「電板」兩面的電荷出現了不對稱，因而產生了電流。

我的體內從頭到尾排列着類似疊層電池的細胞，雖然每個電池只有 15 伏的電壓，但當牠們串聯起來的時候，就會在我的頭和尾之間產生非常強大的電流了！

常見的電魚及電量

各種電魚的放電本領各不相同，放電能力最強的當屬電鰩、電鯰和電鰻。

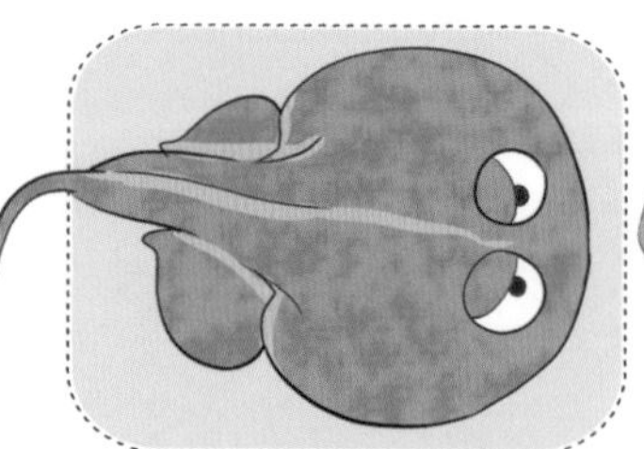

名　　稱：電鰩（yáo）
電　　量：200 伏
發電指數：⚡

名　　稱：電鯰（nián）
電　　量：350 伏
發電指數：⚡⚡

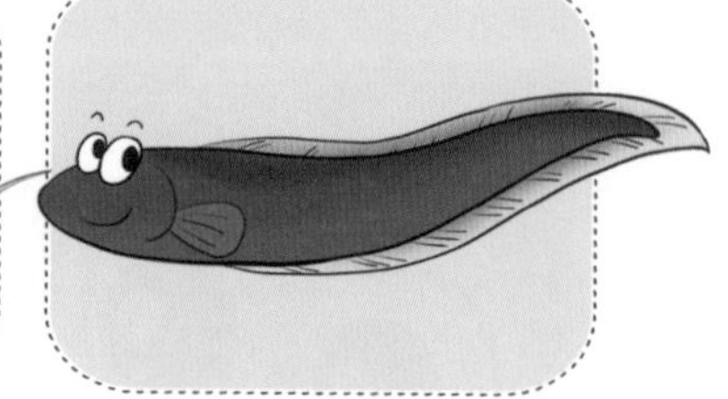

名　　稱：電鰻（mán）
電　　量：880 伏
發電指數：⚡⚡⚡⚡

電鰻的天敵

由於電鰻能夠釋放很強的電壓，所以令很多海底生物，哪怕人類都感到害怕。所以，電鰻在海底「橫行霸道」，幾乎沒有動物能敵。

其實，電鰻也有牠自己的天敵，那就是產於美洲南部和中部的凱門鱷，這是一種像蜥蜴一樣的肉食動物。

凱門鱷的皮可以絕緣，能夠抵禦 200 伏左右的電壓。所以凱門鱷可以捕殺一些小型的電鰻。

電魚的啓示

19 世紀初，意大利物理學家伏特以電魚發電器官為模型，設計出世界上最早的伏特電池。因為這種電池是根據電魚的天然發電器官設計的，所以人們把它叫作「人造電器官」。

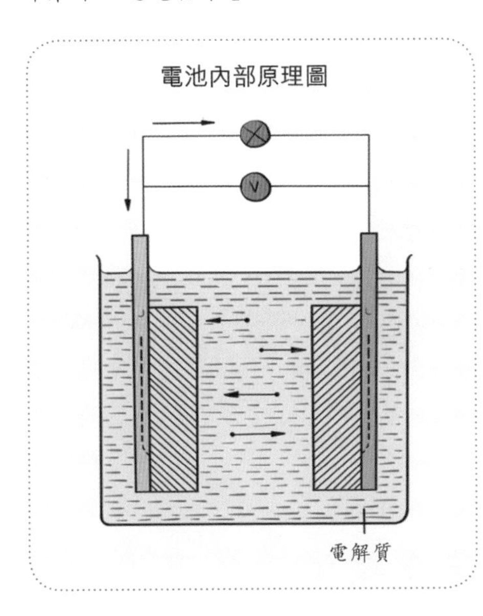

「水中大熊貓」——象鼻魚

象鼻魚即白鱘，又稱作中華匙吻鱘，還叫中國劍魚，是最大的淡水魚類。因為其嘴部長得像象鼻，所以俗稱象鼻魚。象鼻魚身體呈梭形，上下頜均具尖細的齒，嘴長如劍。

在中國古代，白鱘被稱為鮪。現在牠的生存水域遭受破壞，其物種極其稀少，所以有「水中大熊貓」之稱。

由於過度捕撈和生態環境惡化，象鼻魚數量正逐年減少，如今瀕危狀況已不亞於大熊貓。

能變色的石斑魚

哈哈！海底世界真奇妙啊！
那當然了！

是呀！這種感覺真好呢！

那是因為你太胖了！叫你別吃那麼多爆米花！
才不好呢，在水裏不動就會往下沉，累死了！
喲！好漂亮的魚！

這個是石斑魚。

這就是石斑魚保護自己的特殊本事了！
石斑魚會隨着周圍環境的變化而改變自己身體的顏色，從而隱蔽自己，躲開敵人。
哇，快看，牠變成綠色的了！
哇！哇！牠又變色了！

石斑魚皮下具有許多彈性囊狀的色素細胞，其中含有黑、紅、黃、藍、紫、橙等色素微粒。

當這些魚類受到外界刺激時，色素細胞被牽引舒張而呈齒狀。於是色素細胞內的色條微粒擴散，體色就變深。

這些色素能混合組成各種各樣的顏色。而且在色素細胞的周圍，有放射狀的肌肉纖維作牽引。

反之，肌纖維放鬆，色素細胞縮小，色素微粒緊縮，體色就變得淺淡。

海底魔法師——比目魚

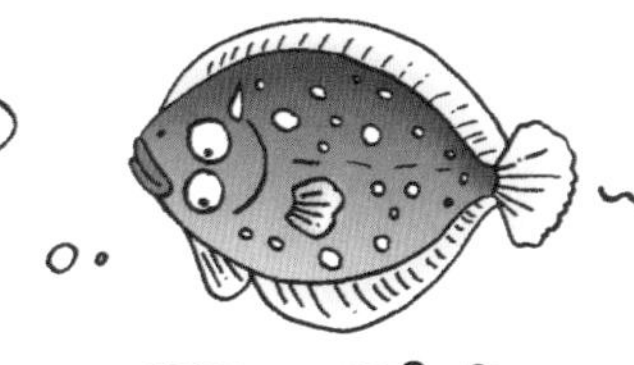

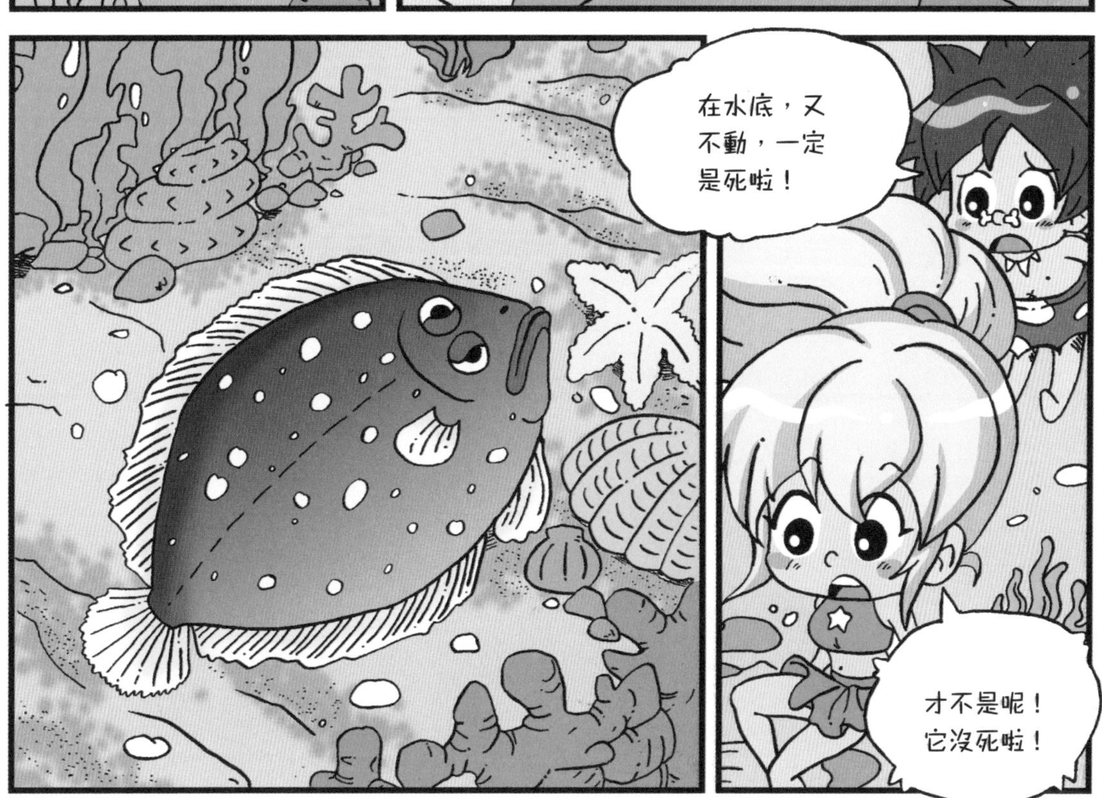

比目魚捕獵的時候，會像這樣平臥在海底，再用沙子把身體覆蓋起來，只露出兩隻眼睛。

原來如此啊，這樣敵人也很難發現牠了。
沒錯，而且更厲害的是，其實比目魚剛出生時，眼睛是和普通的魚一樣的哦！

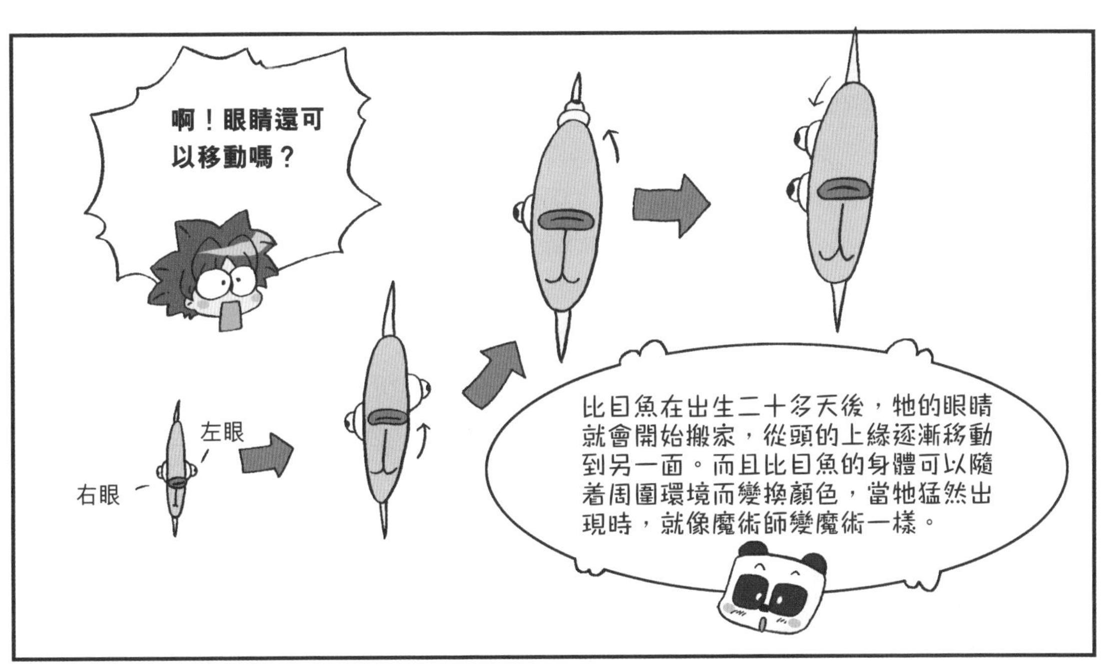
啊！眼睛還可以移動嗎？
左眼
右眼
比目魚在出生二十多天後，牠的眼睛就會開始搬家，從頭的上緣逐漸移動到另一面。而且比目魚的身體可以隨着周圍環境而變換顏色，當牠猛然出現時，就像魔術師變魔術一樣。

海底真是甚麼奇怪的魚都有啊！
小野人你在做甚麼？
我要努力讓我的眼睛也能移動位置！
走了！

魚有哪些「特殊功能」？

有許多魚具有「特殊功能」，你聽說過魚會放屁嗎？你見過會發光的魚嗎？魚怎麼發聲？現在，一起來領略吧！

小貼士：魚類的特殊功能是為了適應環境。

魚的「特殊功能」· 魚也會放屁嗎？

魚在吞嚥食物時，往往會吸進過多的氧氣，如果不把多餘的氣體排掉的話，牠在水中游泳時就會失去平衡，無法隨心所欲地游泳。所以，魚會通過放氣（也就是放屁）來排除體內氣體。

魚經常根據水深的變化來調節魚鰾中的氣體，以維持身體平衡。白天魚群聚在深水中，到了晚上就游向水面，吸入空氣，重新讓鰾裏充滿氣體。

而且，魚放屁次數跟魚的數量成正比。魚越多，平均每條魚放屁的次數就越多。魚只在聚集時才發出放屁的聲音，因此，魚放屁可能具有某種溝通功能。

魚在早上聚集，或許牠們的聯繫方法之一就是放屁。

魚通過放屁來調節身體平衡。

在魚群中，魚放屁可能是一種溝通的信號。

魚為甚麼會飛？

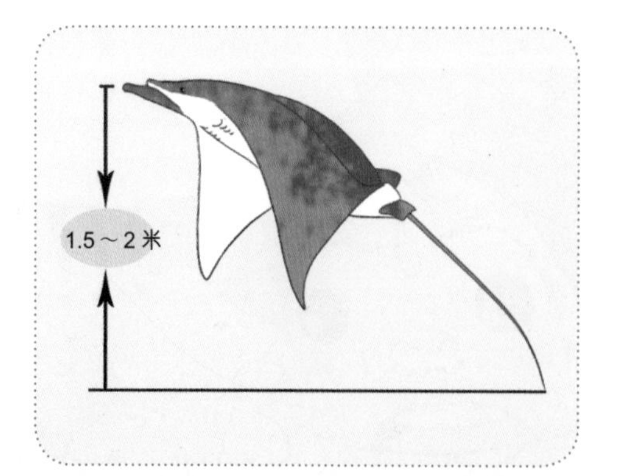

蝠鱝是一種會飛的魚類，體扁平，有強大的胸鰭，類似翅膀。蝠鱝最具特色的習性就是牠那「凌空出世」般的飛躍絕技！最高能跳 1.5-2 米，落水時發出一聲巨響，場面非常壯觀。

有人認為這是一種驅趕、誘捕食物的方式，多數人則相信這是一種甩掉身上寄生蟲和死皮的自我清潔方式。

魚為甚麼會仰泳？

魚游泳時一般都是腹面向下，身體與水面保持平行。然而有一種魚，牠們游泳時腹面卻是向上的。這種魚就是尼羅河和剛果河的反游鯰魚，也叫反游貓魚。反游鯰魚仰泳可能是一種獨特的生存技能。

反游鯰魚

燭光魚，靠發光誘捕食物、吸引異性、聯繫種群和迷惑敵人。

光頭魚，頭部被很大的發光器所覆蓋。

魚為甚麼會發光？

在海洋世界裏生活着形形色色、各種各樣的發光生物，牠們給沒有陽光的深海和黑夜籠罩的海面帶來光明。在黑暗層至少有 44% 的魚類具備自身發光的本領，以便在長夜裏能夠看見其他物體，方便捕食，尋找同伴和配偶。

燭光魚的腹部和腹側有多行發光器，猶如一排排的蠟燭，故名燭光魚。深海的光頭魚頭部背面扁平，被一對很大的發光器所覆蓋，該大型發光器可能就起到視覺的作用。

會發聲的魚

許多魚類會發出各種令人驚奇的聲音。如電鯰的叫聲猶如貓怒；石首魚類以善叫而聞名，其聲音像輾軋聲、打鼓聲、蜂雀的飛翔聲、貓叫聲和口哨聲。

魚類發出的聲音多數是由骨骼摩擦、魚鰾收縮引起的，還有的是靠呼吸或肛門排氣等發出種種不同的聲音。

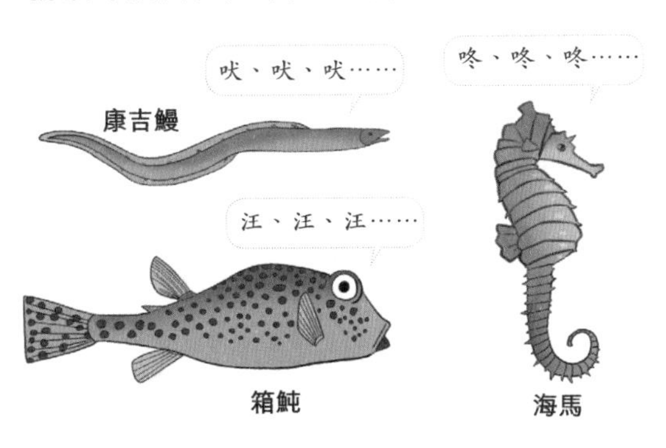

箱魨

海馬

魚為甚麼具有「特殊功能」？

有些魚之所以格外與眾不同，甚至還具有鮮為人知的「特殊功能」，總體來説，主要有三個方面的原因：

第一，自身天生的特殊結構，這些結構可以保證牠正常的生活習性；第二，是為了適應外部的複雜環境，以便於捕食和逃避敵害；第三，也有一些功能是魚在後天的生活和適應過程中慢慢形成的。

能咬碎石頭的虎鯊

飢餓的虎鯊胃口可是很大的，只要發現移動的物體，就會緊追不捨，連自己的兄弟姐妹都吃。
是啊，虎鯊是卵胎生動物，牠們在媽媽肚子裏就能孵化成小魚。

啊！

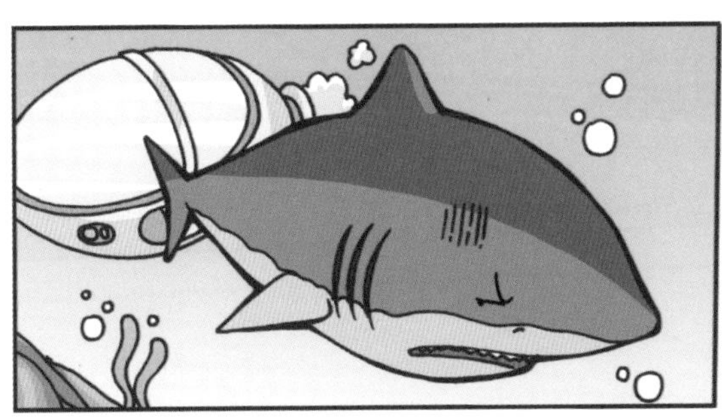

虎鯊連海膽也吃，不怕牙齒掉光嗎？

放心吧，虎鯊的牙齒永遠不會掉光，牠們的牙床上總能長出新牙。
對呢，虎鯊一旦有牙齒掉了，很快就會長出新牙補齊。

那條魚還真狡猾，游到背後去了。
虎鯊的視覺和嗅覺很靈敏的，還能感覺到動物們藏身處電磁場的變化。

嘿嘿！
果然被
發現了。
天哪，石頭都
被咬碎了。

虎鯊的牙齒非常鋒利，
能咬斷很堅硬的物體，
就連船上的木板甚至
人們拋入大海的垃圾
也能夠吞食。
噎死我啦！
難怪我聽說人們會把
垃圾倒入海底，原來
是在餵牠們食物，不
是污染環境哦！
那個真的是污
染海洋環境。

海底潛伏大師

在岩洞裏呢，海鰻平
時棲息在泥沙底下，
白天潛伏，晚上活動。

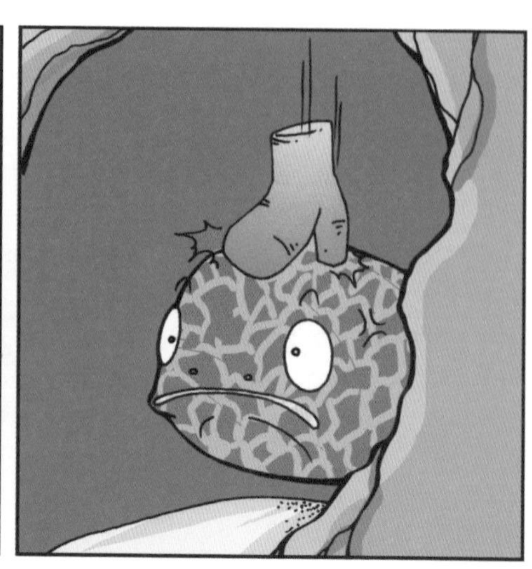

那……我們還
是趕緊走吧！
別怕，海
鰻怕光。

好厲害的
大魚……

海鰻可是海底最兇猛
的魚類之一，牙齒鋒
利，咬合力大，大家
要小心！

是啊，牠們會用有牙的下頜夾住獵物，同時用藏在咽喉後的內頜把食物拖入腹中。

牠們最喜歡吃蝦、蟹和魚，但海鰻吃東西的方式好像有點奇怪啊！

根據我的經驗，吃肉的魚味道特別鮮！
對啦，海鰻真的很鮮美……

美味……
真沒出息！

豐富的海洋魚類

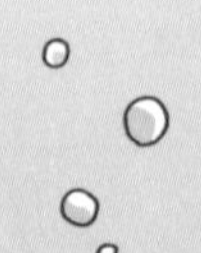

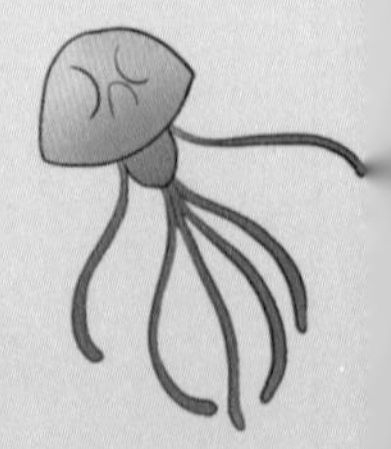

海洋魚類的共同特徵

從兩極到赤道海域，從海岸到大洋，從表層到萬米左右的深淵，都有海洋魚類的分佈。

生活環境的多樣性促成了海洋魚類的多樣性。但由於生活方式相同，牠們產生一系列共同的特點：都具有呼吸水中溶解氧的鰓、鰭狀的便於水中運動的肢體、能分泌黏液以減少水中運動阻力的皮膚。

海洋魚類的生活習性

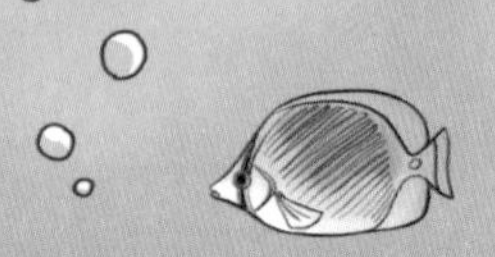

海洋魚類的繁殖、發育、生長都是依靠食物、營養和能量完成的。按所攝取食物的性質，海洋魚類可分為三類：植食性魚，餌料以浮游植物為主，如梭魚；肉食性魚，如帶魚、大黃魚；雜食性魚，既吃動物，也吃植物，如葉鰺。

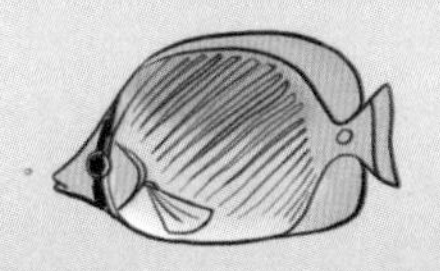

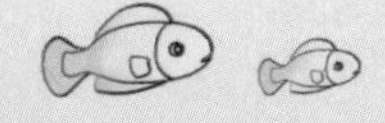

海洋魚類的主要體形

一般來說，海洋魚類常見的體形主要有以下幾種：

魚雷形：這類魚棲息於中層水域中，最善於游泳，如金槍魚。

箭形：與魚雷型相似，但身體更長，奇鰭後移，棲息於表層水中，善於游泳，如狗魚。

蛇形：這類魚身體細長，橫斷面接近為圓形，一般棲息於海底植物叢中，如海鰻、海龍等。

帶形：身體高度延長為側扁形，不善於游泳，如帶魚、皇帶魚等。

會爬樹的魚

在中國沿海一帶，生活着一種和青蛙一樣可以兩棲的彈塗魚。彈塗魚體長 10 厘米左右，略側扁，兩眼在頭部上方，似蛙眼，視野開闊。遇到敵害時，牠的行動速度比人走路還要快。彈塗魚在低潮時為了捕捉食物，常在海灘上跳來跳去，更喜歡爬到紅樹的根上捕捉昆蟲吃，因此被人們稱為「會爬樹的魚」。

長得像扇子的蓑鮋

要是不小心被牠的刺刺破皮膚，會腫脹發炎，讓你疼痛難忍哦！

也就是說，蓑鮋就是用牠的毒液捕魚的嗎？

你看，牠的鰭條根部和嘴周圍的皮瓣裏含有能夠分泌毒液的毒腺，能毒死小魚。

對！當牠越來越靠近獵物、準備一口把獵物吞掉的時候，蓑鮋的胸鰭就會豎起來，快速地抖動。

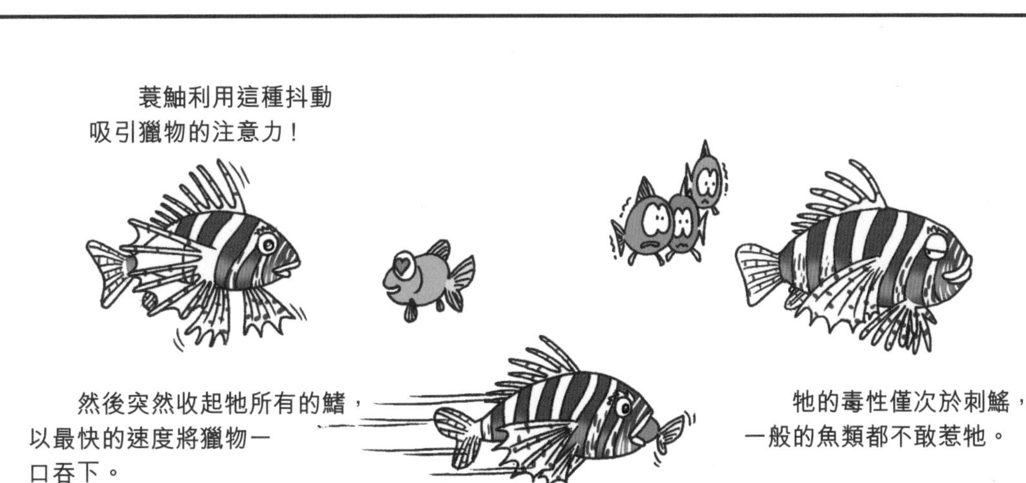
蓑鮋利用這種抖動吸引獵物的注意力！
然後突然收起牠所有的鰭，以最快的速度將獵物一口吞下。
牠的毒性僅次於刺鰩，一般的魚類都不敢惹牠。

好酷！我也
要養一條！

蓑鮋可不是一個好
惹的傢伙哦！好多
飼養蓑鮋的人都被
牠傷害過呢！

我把牠養在森
林裏的小河裏
不就成了！
那你們森林裏
就沒有魚可以
吃了！

為甚麼？

都被牠吃
掉啦！

能治皮膚病的「醫生魚」

快看，有魚！
還真有魚，魚身是金黃色的呢，上面還有黑帶和藍帶！奇怪，溫泉裏怎麼會有魚啊？

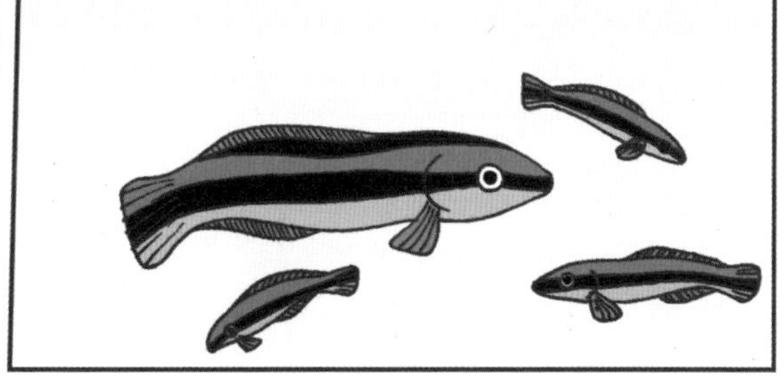

這是一種專門生活在溫水裏的鯉魚科淡水魚，叫醫生魚。

醫生魚？難道牠
會看病嗎？
對呀！牠能為其
他魚類除蟲治病、
清除污物。

醫生魚一般成群結隊圍着病魚，
將「病人」的體表、魚鰓裏的
寄生蟲一口一口地吃掉。

呀，TT 小心，
醫生魚游到
你那裏去了。
TT 快趕走
牠們，小
心牠們咬
你。

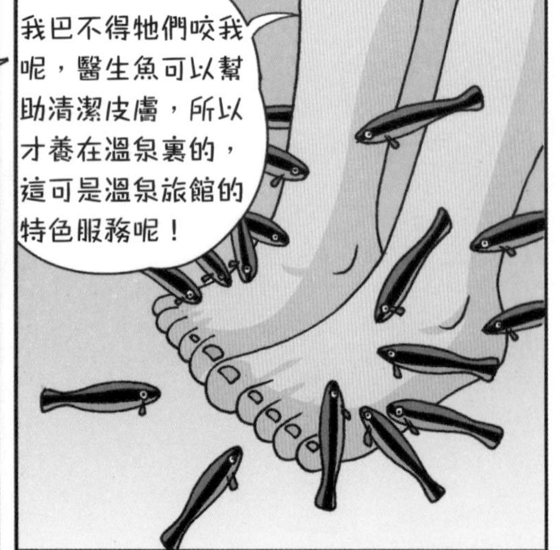
我巴不得牠們咬我
呢，醫生魚可以幫
助清潔皮膚，所以
才養在溫泉裏的，
這可是溫泉旅館的
特色服務呢！

醫生魚還可以
幫助治療乾癬
等皮膚病喲！

真好，我要是能
當皮膚科醫生就
好了。
你以為你是
醫生魚啊？
為甚麼？
這樣天天都
能泡溫泉啦！

魚如何「助人為樂」？

海洋中有一些喜歡為他人「服務」的魚。清苔鼠最愛吃甚麼？垃圾魚是怎麼回事？雙脊鰭魚如何助人為樂？

小貼士：很多魚類具有「服務」意識，其實是一種適於生存的本能。

喜歡服務的魚・小時候勤快的清苔鼠

清苔鼠，牠的原名叫泰國食苔魚，因為牠渾身金色，所以也叫金苔鼠，是一種卵生的無鱗魚。

清苔鼠身體細長，稍稍有些側扁，體長可達 180 毫米。清苔鼠喜歡吸食魚缸裏的沙子或魚缸壁上的青苔，在人們眼中，牠是一個非常理想的清苔能手，所以牠被人們形象地叫作「清苔鼠」。

清苔鼠適合生存在有水草和沉木的水域，但最近人們發現，清苔鼠除了吃青苔外，還逐漸開始吃其他食物。而且當清苔鼠長大後，會變得很懶散，並可能轉而攻擊水族系統中的其他生物。

但說起來，清苔鼠小的時候還是非常勤快的。

喜歡吃垃圾的垃圾魚

垃圾魚又叫清道夫魚、吸盤魚，主要吃魚苗、海藻、細菌、飼料等。當牠飢餓難耐時，也會吃少量魚類的糞便，所以這也成為牠名字的由來。

垃圾魚的嘴像吸塵器一樣，可以把魚糞、綠色的植物統統吸到自己的肚子裏。

會建造「清潔站」的隆頭魚

隆頭魚大多數身體呈長形，體色與體形極富變化。

隆頭魚具有共生性，會為大魚提供價廉質優的服務。

牠們會在海洋中建造「清潔站」，通過撿食其他魚類身上的寄生蟲和老化的組織來獲取養份。

「助人為樂」的雙脊鰭魚

在南極冰海 10 米深處，生長着一種背脊上長着兩個鰭的奇怪的魚——雙脊鰭魚。雙脊鰭魚對周圍的魚不但很有禮貌，而且還有「助人為樂」的精神。

當雙脊鰭魚知道周圍有母魚（不管是甚麼魚）在產卵時，便會主動趕去「站崗巡邏」，保護魚卵免遭敵人的突襲。同時，牠還經常義務幫助魚兒們打掃魚穴。

更使人稱奇的是，當正在放哨的雙脊鰭魚和母魚被其他兇狠的魚類趕走時，其他的雙脊鰭魚便會馬上趕來接着值班，一直守到產卵的母魚回來為止。如果母魚回不來，雙脊鰭魚便盡職盡責，堅守崗位，一幫到底，一直等到小魚孵化出來。

尾巴長毒刺的 刺鰩

哇！這魚好像在飛哦！
好長的尾巴，還有鋸齒！
DI.N

這是甚麼魚？

這是刺鰩，是軟骨魚類。牠還有個名字，叫黃貂魚，和鯊魚是遠親哦！

鯊魚？怎麼可能？
是真的，一億八千年前，牠曾是鯊魚的同類。

刺鰩將身體藏在海底沙地裏，慢
慢進化成現在的模樣。你看牠的
背面，是不是有點兒像鯊魚？
還真有
點兒像。

對，刺鰩的牙齒像
個石臼，能磨碎任
何東西。一旦有獵
物靠近，刺鰩就會
突然發起進攻。
牙齒好
厲害！

這麼恐怖！不會
咬碎玻璃吧？
刺鰩性
情非常溫和，
不會主動襲
擊人。
不過人要是不小心驚擾了牠，刺鰩就
會用尾巴上的毒刺刺向來犯者。
我不是故
意的。
疼死
我啦！
如果被刺鰩刺中，毒液會導致受傷的部
位產生瞬間的劇烈疼痛。
一旦搶救不及
時，就可能有生命
危險呢！

刺鰩怎麼不去吃那條魚？是不是用尾巴捕食呢？
刺鰩的毒刺只是防禦用的，而不是用來捕捉襲擊獵物的。

所以容易被刺鰩刺傷的往往是撈捕或處理魚貨的人。
這麼說，像我這樣跟刺鰩完全扯不上關係的人就不會有事了？

瑟瑟，你跟刺鰩關係可不一般哦，你和牠有個共同點呢！

你是說我們都很強大嗎？

不是，你們都沒有脖子。
哈哈哈！

哺乳動物

哺乳動物是動物界中形態結構最高等、生理機能最完善的動物。與其他動物相比，哺乳動物最突出的特徵在於其幼仔由母體分泌的乳汁餵養長大。哺乳動物都長有皮毛，以保持體溫的恆定，適應各種複雜的生存環境；哺乳動物具有比較發達的大腦，因而能產生比其他動物更為複雜的行為，並能不斷地改變自己的行為，以適應外界環境的變化。

看不清輪廓的斑馬

別胡思亂想了，現在是淡季，遊客少很正常。

唉，覺得好無聊啊！連個帥哥的影子都見不到。

TT 你看，影子！

影子？

啊！不會是熊吧？小野人，保護我！
你放心好啦！跟熊打架我都沒輸過呢！

大驚小怪
甚麼？那
是斑馬！
嗚嗚……
斑馬？

你看牠身上，有黑褐
色和白色相間的條紋，
這就是斑馬的特徵。

那我怎麼看不清
牠的樣子？它是
神馬嗎？

哈哈哈哈，甚麼神馬，
小野人你真是笨！
如果不是用了隱身術，
我怎麼會看不清楚？

斑馬身上的條紋在月光或陽光
的照射下會反射出各種不同的
光線，可以模糊牠自身的輪廓，
讓人難以將其與周圍環境區別
開，你當然看不清啦！

這就是斑馬用來
保護自己的方法，
對吧？
人類將這種保護色
原理應用到軍事上，
給軍艦塗上類似的
斑馬紋，掩藏自己，
迷惑敵人。

走近草原動物

草原動物的生活環境

草原動物是以草原環境為棲息地的動物類群。草原自然環境比較單純，景色開闊，動物組成要比森林地帶的簡單，以穴居生活能力強的嚙齒類動物最為繁盛。動物們生息繁衍，共同構成了一個生機勃勃的動物王國。為了適應變化多樣的生態景觀，動物們養成了許多有趣的行為習性。

脾氣最壞的草原動物

犀牛是脾氣最壞的動物。模樣似牛，但兩角一前一後長於頭頂，眼小，視力差。皮膚多褶，褶內肉嫩多血管，常滋生大量寄生蟲，痛癢難忍，還經常因此大發雷霆，兇狂異常。

草原動物的生活習性

在非洲草原上生活着大量的肉食性動物，如獅子和獵豹，牠們大都具有尖銳的牙齒和兇猛的捕捉能力，佔據着廣闊草原上的統治地位。

由於開闊的草原缺乏天然隱蔽所，為逃避食肉類等天敵的襲擊，羚羊等有蹄類動物發展了迅速奔跑的能力、集群的生活方式、敏銳的視覺和聽覺；老鼠等嚙齒類動物具有很強的挖掘能力，過着穴居或完全的地下生活。

最醜陋的草原動物

河馬是陸地上體態最臃腫、醜陋的動物。身體滾圓，頭、嘴龐大，終日生活在水草豐美的河湖沼澤之中，夜間上岸休息。

口吐白沫的負鼠

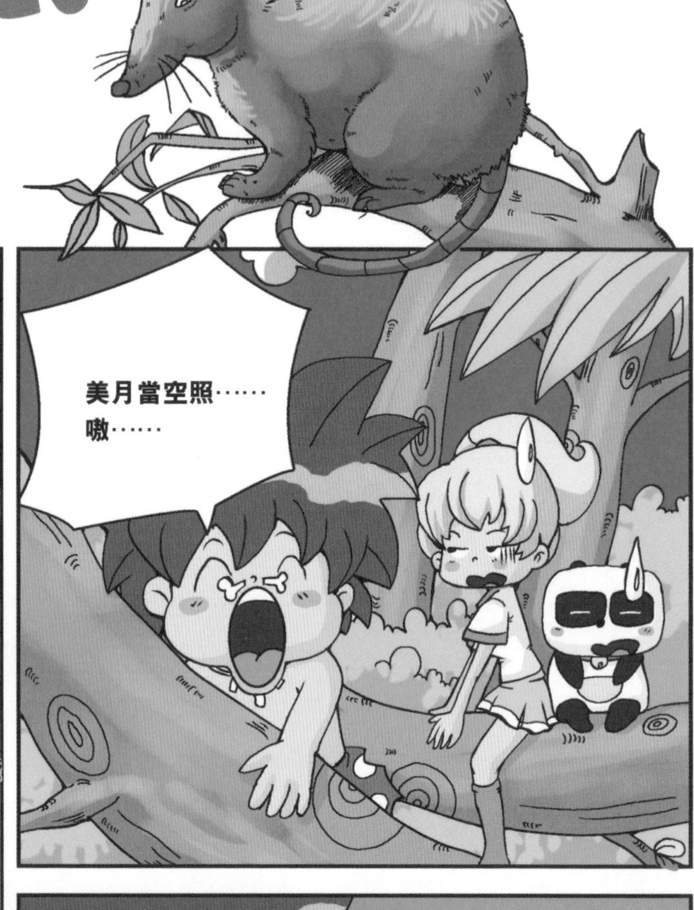

哇！好大的
老鼠！
不要跑！
吱吱吱吱！

TT，牠突然
不動了。

原來是負
鼠啊！
負鼠？

負鼠遇到危險
的時候就會像
現在一樣裝死。

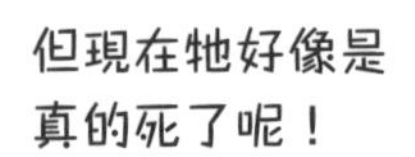
但現在牠好像是
真的死了呢！

沒有啦！負鼠在遇到危險
時，會自動分泌出一種麻
痺物質迅速進入大腦，並
立即失去知覺而倒地。現
在牠只是在裝死啦！

這樣不就可以
輕鬆捉到牠了
嗎？真笨啊！
小心！負鼠裝死
時，會排出一種
惡臭的黃色液體，
讓敵人以為牠已
經腐爛而放棄哦！

嗚哇，弄
到手上啦！
好臭！
嘿嘿，小野人，
你中招了。

雪兔的白大衣

小野人，你甚麼時候才能結束在動物園裏的定居生活啊？
甚麼也不能撲滅我對大自然的嚮往！

他的表達能力確實提高了很多啊！

誰？
TT 你看，兔子！
守株待兔
啊……

嘿嘿，跑
不了啦！
這不是雪兔嗎？
快放了牠！

雪兔？可牠是
棕色的呢！

雪兔並非全年都是白
色的哦！雪兔換毛受
日照影響，漸漸從棕
色變成白色。
這樣牠就不用買新衣
服啦！你要是能這樣，
就能省下好多錢了。
我又不是
動物！

再說雪兔換毛也不是為了漂亮，而是為了保護自己。因為在大雪覆蓋的森林裏，渾身白色的雪兔很難被野獸發現。
可雪兔為甚麼會撞到我身上？
雪兔為了擴大視力範圍，眼睛長在腦袋兩側，走路時只有不停擺頭才能看清前面，但跑得太快時，會因為來不及擺頭而撞到障礙物上。
眼觀六路！

不管怎麼說，
撞樹的雪兔都
太笨了。
雪兔才不笨呢，
比你聰明多了！

俗話說「狡兔三窟」，兔
子的家有好多個，而且牠
們從不走回頭路，也不吃
窩邊草，這些行為都是為
了防止自己的洞穴被發現。

我家

兔子在回家前，會先
靜靜在洞口邊觀察，
確定沒有危險後，才
會慢慢後退着進洞。

這樣啊，那我
回去也給我們家
多開幾個門！
雪兔果然比你
聰明多了！

兔子為甚麼善於奔跑？

兔子是哺乳類脊椎動物，善於跑步，可愛而機敏。兔子主要有哪些特徵？常見的兔子有哪幾種？兔子的眼睛為甚麼又是五顏六色的呢？

小貼士：兔子離我們的生活很近，是我們比較熟悉的動物朋友之一。

兔子的主要特徵

兔子形體像鼠，耳大而尖，尾巴短而毛茸茸，會團起來，像一個球。

兔子上唇中間分裂，是典型的三瓣嘴，共有 28 顆牙齒。

兔子是夜行動物，牠的眼睛能聚光，即使在微暗處也能看到東西。

兔子一般可成群生活，但野兔一般獨居。

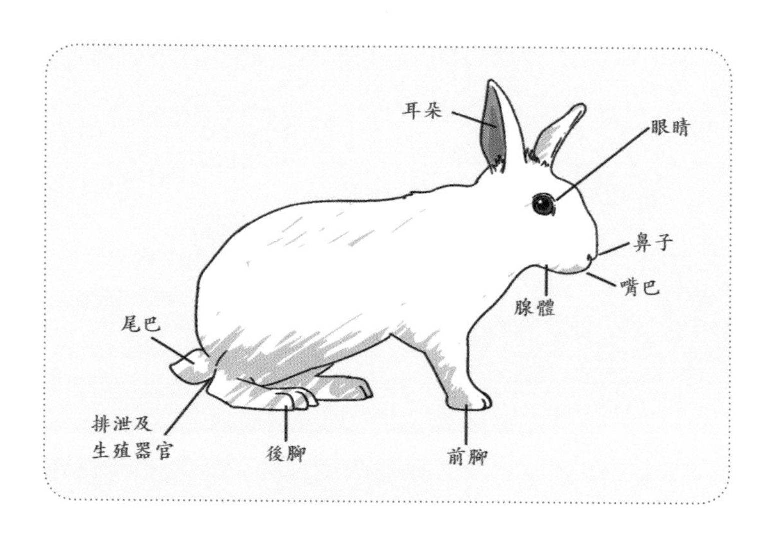

兔子為甚麼善於奔跑？

兔子之所以善於奔跑，這與牠生存的環境和自身的身體結構有着很大的關係。

兔子的前腿又短又小，後腿又長又有力，這大大便於牠用力和起跳。在動物王國裏，牠可算是個長跑健將呢！

兔子生活在自然界，常常面臨着生存的威脅，快速奔跑也是牠有效的生存策略。

為了逃命，牠必須快速奔跑。尤其是野兔，奔跑速度非常快（每小時達 70-80 千米），跳躍能力極強，有時連虎豹也奈何牠不得。

兔子的分類

一般來説，兔子可分為三大類：家兔、野兔和鼠兔。

小白兔的眼睛為甚麼是紅色的？

這是因為小白兔眼睛裏的血絲（毛細血管）反射了外界光線，透明的眼睛就顯示出了紅色。

為甚麼兔子的眼睛五顏六色？

兔子的眼睛有紅色、藍色、黑色、灰色等各種顏色，也有的兔子左右兩隻眼睛的顏色不一樣。

兔子眼睛的顏色與牠們的皮毛顏色有關係，並且牠們身體裏有一種叫色素的東西。黑兔子的眼睛是黑色的，灰兔子的眼睛是灰色的，白兔子的眼睛是透明的。

善於挖洞的藏鼠兔

藏鼠兔主要分佈於中國西北、西南地區的高山灌叢、草叢等地帶。牠們一般生活在海拔 2,000 米以上，最高可達 4,000 多米。

藏鼠兔的洞穴很複雜，出口可多達 5-6 個；出口一般開於草垛和樹根處。洞口呈橢圓形，直徑為 4-4.5 厘米。

在落葉松林和高山灌叢，洞道多利用石塊的縫隙，洞口和洞道很不規則，洞口入土一般是斜向的，因石塊大小不同，形狀、排列也不相同。

稱職的哨兵—土撥鼠

小野人！你又在我們營地的後花園挖洞！！
挖洞？我沒有啊。

不是你，難道是熊貓？！

一定是有甚麼動物在花園裏搗亂，還想陷害我們……
冤

哪會有動物要
陷害你……
哼！
裏面到底是甚
麼東西呢？
嗚哇哇哇哇！
我被偷襲了！

小野人你看，
就是牠！

不要跑！

土撥鼠在覓食的時候，總會派一隻來擔任哨兵。哨兵用後腳跟站立在地面上，一旦發現危急情況，就立刻發出高頻率的尖叫，其他土撥鼠聽到警報，就會鑽入洞穴躲避危險！

小野人你先盯着
這些土撥鼠，一
會兒我再回來！
喂，怎麼又把難題
扔給我一個人！

半小時後——
TT 你看，我都
抓到了！
小野人你真棒！
這下不用擔心營
地被毀了。

就是……就是營
地有點兒亂……

我用鏟子把整個
營地鏟平了，才
抓到牠們的！
小——野
——人！！
真累啊！

臭不可聞的黃鼠狼

不要跑！

嘿！

噗~~~

啊！
好臭！
不好！小野人又出事了！

發生了甚麼事情？
哼！一會兒不見你，就會出事。

剛才一隻野貓居然對我放毒氣！把我毒倒了！
這味道應該是黃鼠狼幹的！

黃鼠狼？
嗯，你遇見的應該就是黃鼠狼。
在黃鼠狼的肛門兩旁長着一對臭腺，遇到危險的時候能從臭腺中迸射出一股惡臭的分泌物，用來迷暈敵人，贏得自己逃跑的時間。你剛剛已經領教過牠的威力啦！

嗯，想起來了，剛才我就是這麼暈過去的……
被這種分泌物射中頭部的話，會引起中毒，輕者感到頭暈目眩，噁心嘔吐；嚴重的會倒地昏迷不醒，就像你剛才一樣。

身穿迷彩的長頸鹿

你看，那隻最高的動物就是長頸鹿啦！
哇，真的！脖子好長啊，身上還有漂亮的花紋呢！

牠們的長脖子是在千萬年的生存競爭中進化來的，可以吃到高處的樹葉，獲取更豐富的食物。
而身上的花紋可以模糊敵人的視線，把自己高大的體形隱蔽起來。

在森林裏，這種花紋確實看不清楚。
沒錯，因為這種花紋會在視覺上將長頸鹿的身體分割成許多小塊，同樹木協調在一起，讓人分不清牠究竟在哪裏。

好可愛的小長頸鹿！
不要亂摸！否則長頸鹿媽媽以為你要傷害牠的寶寶，會把你踢飛哦！
踢飛？！
長頸鹿不僅奔跑速度快，而且被牠強壯的長腿踢到很可能會喪命喔！就連成年的獅子，都有可能被踢得腰折腿斷呢！
？
那我還是離牠遠一點好了。
還是先不要告訴小野人，長頸鹿是性情溫馴的動物吧……
……

保護色有甚麼作用？

動物外表顏色與周圍環境類似，這種顏色叫保護色。保護色有甚麼作用？常見的保護色有幾種？保護色和擬態有甚麼區別？

小貼士： 自然界裏有許多生物就是靠保護色避過敵人，在生存競爭中保存自己的。

奇妙的保護色・保護色的作用

生物的保護色是由自然選擇決定的。

在長期的自然選擇中，生物形成了形形色色、功能各異的保護色。借助保護色，食草性動物能輕易躲過敵人的視野，而食肉性動物則便於捕捉獵物。

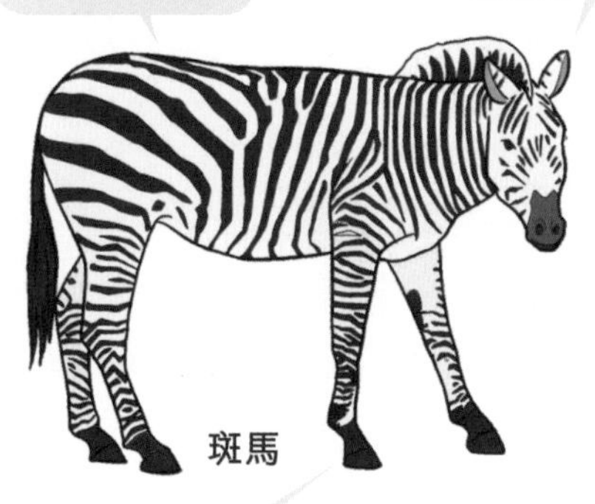

常見的保護色形態

普通保護色

蝗蟲：
與周圍環境融為一體，迷惑敵人。

警戒色

楊毒蛾：
色彩刺眼，警戒敵人。

擬態

尺蠖：
與周圍環境融為一體，迷惑敵人。

保護色和擬態的區別

擬態是一種生物在形態、行為等特徵上模擬另一種生物，從而使一方或雙方受益的生態適應現象，這是動物在自然界長期演化中形成的特殊行為。

保護色：
1. 與周圍環境顏色相似。
2. 靜止或運動沒有本質區別。

擬態：
1. 與周圍環境不但形似，而且神似。
2. 靜止時形似枯葉，但飛舞時完全變樣。

青蛙的保護色　　枯葉蝶的擬態

千變萬化的變色龍

變色龍是一種「善變」的樹棲爬行類動物。在自然界，牠是當之無愧的「偽裝高手」。為了逃避天敵的侵犯和接近自己的獵物，變色龍常在人們不經意間改變身體的顏色，然後一動不動地將自己融入周圍的環境之中。

變色龍的變色與其他生物的保護色、警戒色相似。變色龍的膚色會隨着背景、溫度和心情的變化而改變。雄性變色龍會將暗黑的保護色變成明亮的顏色，以警告其他變色龍離開自己的領地。有些變色龍還會將平靜時的綠色變成紅色來威嚇敵人，目的是保護自己，免遭襲擊，使自己生存下來。

神奇的鳥兒

小朋友，你知道嗎？鳥兒的世界可不是你想像的那麼簡單，牠們有自己的生活法則。你知道大雁是怎麼「搬家」的嗎？企鵝為甚麼能生活在寒冷的南極？珍貴的燕窩從何而來？織布鳥是一種會織布的鳥兒嗎？

在鳥兒的世界裏，還有着怎樣的小秘密？小朋友，你不可不知的鳥類知識就在這裏啊！快來看看吧！

孔雀為甚麼最愛炫耀？

我們看了這麼多鳥類，你們說說哪種鳥最漂亮？
看得我眼花繚亂，我覺得鳥兒們都很美。
我也說不出到底誰最漂亮。

當然是我們孔雀最漂亮了。

你們看我的羽翼是多麼的華貴。
受不了，你們孔雀太喜歡炫耀了。
哇，好華麗啊！真是美極了！

雄孔雀長着又長又美麗的尾羽，開屏的目的是吸引雌孔雀。這是一種求偶行為。

在孔雀的大尾屏上，散佈着許多近似圓形的「眼狀斑」。當遇到敵人而又來不及逃避時，牠們便抖動尾屏，讓敵人眼花繚亂，不敢輕舉妄動。

企鵝是最不怕冷的鳥類嗎？

快看，
企鵝！

好多企鵝啊！我們這次來就是為了看企鵝吧？
不錯！

快看，牠朝我們走過來了！

你們生活在這裏不冷嗎？
南極內陸平均氣溫是零下五十攝氏度，真的很冷啊！

那為甚麼你們不離開這裏？

我們企鵝最不
怕冷了，羽毛
就是我們的保
暖大衣。

我也一身皮
毛，怎麼就
沒這麼強的
禦寒功能？

而且，我們的
皮下脂肪厚達
兩厘米。

這樣我們
在冰天雪
地中仍然
能夠自在
地生活。

你們也下水
來玩吧，一
點都不冷。

真的？

你……你
騙人！

大雁為甚麼往南飛？

我們這是集體搬家，要往南方去。
為甚麼搬到南方去住啊？
許多動物都不搬家啊！
我們就不搬。

為甚麼你們不冬眠呢？
每年都要搬家，不麻煩嗎？

北方冬天氣溫下降，食物減少。
所以要搬到溫暖的南方。

既然南方溫暖，為甚麼又回到北方呢？

南方天敵很多，不適宜養育小鳥，所以我們要回到安全的北方。
這樣我們才能安心地撫養寶寶。
你們真是稱職的父母！

等明年春暖花開的時候，我們再見面！
再見，一路順風！保重啊！

鳥類為甚麼要遷徙？

秋天的時候，鳥類都會定期大規模地遷徙。鳥類為甚麼要遷徙？牠們從哪裏來？要到哪裏去？候鳥用甚麼方法在茫茫天際間往正確的方向遷徙呢？

小貼士： 遷徙是候鳥與生俱來的一種本能，它受到氣候、覓食和棲息地等多方面的影響。

鳥類的遷徙 · 影響遷徙的主要因素

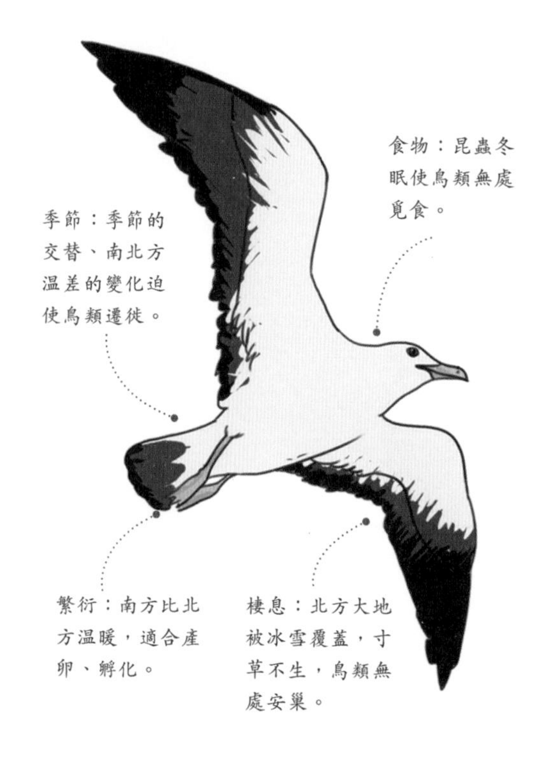

遷徙類型

鳥類在一年四季中有規律地出沒，是因為牠們具有遷徙的習性。依據這種習性，可將鳥類分為三大類：漂泊鳥、留鳥和候鳥。

遷徙方式・人字形或一字形

每當春初和秋末，經常可以看到大雁排成人字形或一字形飛行。這種隊形使領頭的雁衝破空氣阻力，產生氣流效應，幫助後面的雁群減小空氣阻力而保存能量。一般都是壯年的大雁領隊並且不斷更換，幼雁在中間。還有其他原因：一種是整齊不易掉隊；另一種是當遇到敵人時可迅速散開，不至於互相碰撞。

鳥類如何遷徙？

世界上近半數的鳥一生中主要把時間花在遷徙的路上。大多數遷徙是因為食物的季節波動。鳥兒們喜歡成群遷徙，牠們在陸上或海上飛行。許多鳥把行程分成幾個幾百千米的短程飛行。陸地上的鳥要穿越海洋，牠們無法在海上停留，必須一次完成這英勇的遷徙。

鳥類遷徙距離

不同種類的鳥有不同的遷徙方式和路線：美洲金鴴（héng）遷徙的路程最長，牠們在加拿大北方繁衍，卻飛到阿根廷的南美草原過冬；短尾剪嘴鷗從澳大利亞南部飛往北太平洋；大灰鶯於春夏兩季在歐洲繁殖，然後遷徙到非洲撒哈拉沙漠以南去過冬。

全球候鳥遷徙路線

候鳥遷徙的途徑、遠近和速度各有不同。有的種類僅在中國南北方之間或中國與周圍鄰國之間往返；有的種類則要飛行很遠的路程，跨越高山，遠渡重洋，才能到達目的地。

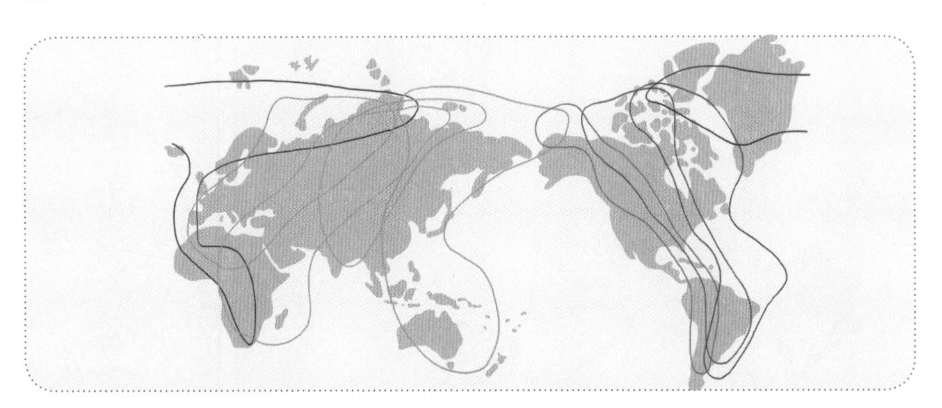

伯勞是「模範丈夫」嗎？

這是雄伯勞
在對一隻雌
伯勞唱情歌，
多麼動聽啊！
我們過去
瞧瞧！

我也會唱情
歌，不比伯
勞差。

我們雄伯勞
還會把食物
都給自己的
妻子吃。
自己餓得
只剩下一
把骨頭，
也不後悔。

這樣才是
真正的愛
情啊！

雌伯勞在孵
卵的時候，
如果有外
來的鳥類
進入我們
的巢區，

我們雄伯勞就會
奮不顧身地保護
自己的妻子。
對，雄伯勞會攻
擊對方，直到把
外來的鳥兒趕走
為止。
我得去採
訪一下牠。

你好啊，
伯勞鳥！

你們是甚
麼人？
想要幹
甚麼？

我們看到
你對妻子
這麼好，
很感動，
所以
來採
訪你。
那些都是
我必須
做的！
因為我有
一顆負責
任的心。

聽見沒有？
要有責
任心！

是！遵命⋯⋯

蜂鳥是比花還小的鳥嗎？

我們不是去找小鳥嗎？怎麼來到花叢中了，難道今天要研究蝴蝶嗎？
我最喜歡蝴蝶了，牠們漂亮極了！

聽説有一種鳥名叫蜂鳥，喜歡花蜜，我想找找看。

呀，救命啊！有蜜蜂啊！我最怕蜜蜂了！
拜託！那不是蜜蜂，是蜂鳥啦！

蜂鳥體形纖小，身體長度不超過 5 厘米，體重僅 2 克。

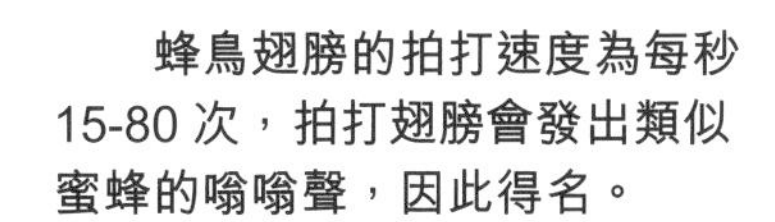

蜂鳥翅膀的拍打速度為每秒15-80 次，拍打翅膀會發出類似蜜蜂的嗡嗡聲，因此得名。

為適應翅膀的快速拍打，蜂鳥的心跳是動物中最快的，能達到每分鐘 500 次。

蜂鳥的飛行技巧相當高超，能敏捷地上下飛、側飛和倒飛，還能原位不動地停留在花前取食花蜜。

鳥類如何飛行？

天高任鳥飛，鳥類是動物界裏最優秀的「飛行家」。你知道牠們是怎樣飛行的嗎？鳥類的飛行方式有哪些？是甚麼原因讓牠們能夠在高空中自由飛翔？

小貼士：鳥類之所以能夠飛行，與其特殊的身體結構有關。

鳥類的飛行・適合飛行的主要因素

自然界中最卓越的飛行家——鳥類，啓發人類飛上了天空，從而推動了航空事業的發展。鳥類能夠飛行與其特殊的身體結構是密切相關的，鳥兒們靈活的翅膀、敏銳的視力、發達的胸肌及厚實的羽毛為牠們的飛行提供了必備條件。

適合飛行的身體結構

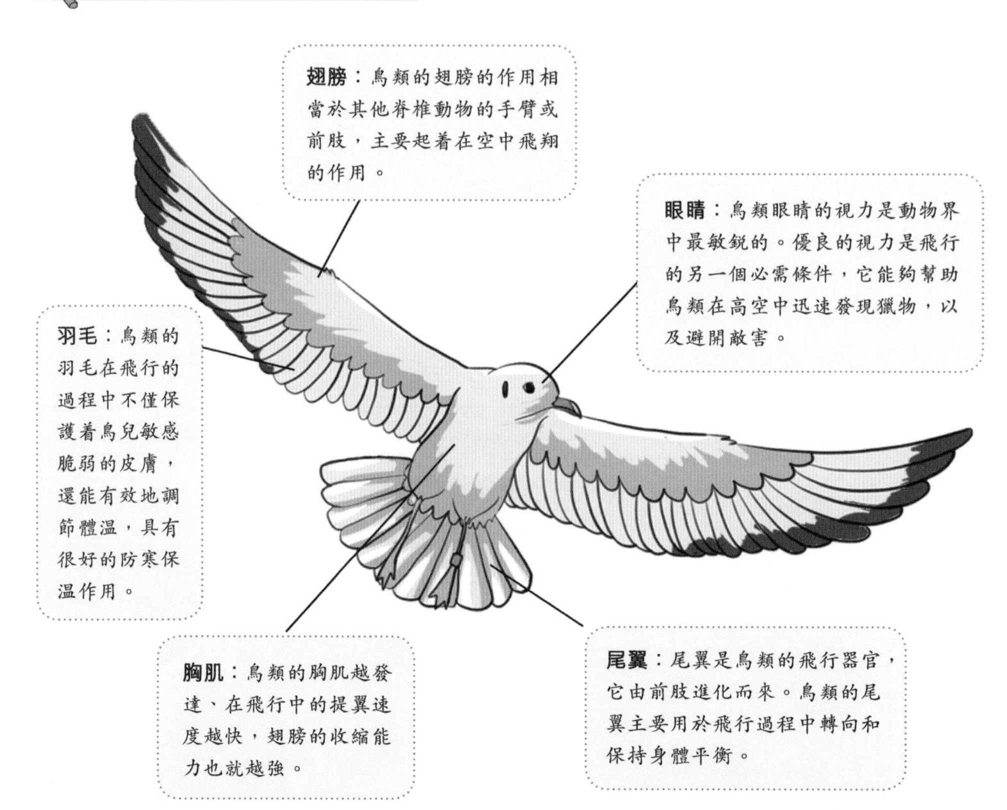

適於飛行的鳥翅

鳥的翅膀不同，適於飛行的方式也不同：鷹、禿鷲等長而寬的翅膀適於在天空翺翔；信天翁長而窄的翅膀適於滑翔；燕子的翅尖而窄，適於快速飛行。翅膀的大小和形狀可以提示我們鳥是如何生活的，並有助於對鳥的種類進行鑒別，特別是對在高空中飛行的鳥的鑒別。

鴿子飛行時的拍翅方式

鳥類的飛行方式

鳥類的飛行方式主要有滑翔、翺翔和盤旋三種。

滑翔和翺翔

有的鳥能借助波濤或峭壁上產生的上升熱氣流向上滑翔，如海鳥。大型猛禽，如鷹或禿鷲，也是利用天然的上升熱氣流飛入高空的。牠們翼型寬闊，能長時間不搧動翅膀而在空中翺翔。在急速拍翅時，常會發出哨聲。

盤 旋

有的鳥會盤旋，能直上直下地飛，甚至會背向飛行，如蜂鳥。牠們之所以有這種能力，是因為牠們的每個翅膀都會轉圈，並能通過雙翅的上下拍擊獲得額外的力量。

飛行能力

普通雨燕一次能在空中待三年而不落地，某些蜂鳥每秒鐘拍動翅膀的次數高達 90 次。天鵝最高能飛到地面以上 8,230 米。游隼在捕捉食物時，牠的突降速度可達每分鐘三千米。

高超的飛行本領

「海闊憑魚躍，天高任鳥飛」，鳥類的飛行本領非常高超，牠們最高可飛過近九千米的珠穆朗瑪峰；最遠可連續飛行 4,000 千米；最快速度為每小時 400 千米。

為甚麼鸚鵡會說話？

今天我們要去見一種會學人說話的鳥。

我知道，是鸚鵡！對吧？

好酒啊！
好酒啊！
為甚麼不去叢林啊？
笨！叢林中的鸚鵡沒人教牠說話啊！

好酒啊！好酒啊！再來一瓶！
哇，那隻鸚鵡喝醉了嗎？
我怎麼沒聞到酒味。
這家主一定是酒鬼！

喂，小鸚鵡！
哪有酒啊？
酒！

你剛才說「好酒啊」，你不知道酒是甚麼嗎？
酒是甚麼東西啊？
我家主人經常這麼說，
我也就這麼說了……

哈哈哈哈，自己說的話甚麼意思都不知道……

呃……
你們……

我們鸚鵡學人類說話，只是一種條件反射而已。
這種仿效行為在科學上也叫效鳴，所以主人經常說的話會被我模仿。

既然學會了人類説話，那你為甚麼不懂話的意思呢？
你也能看懂鳥類是怎麼飛的，但你會飛嗎？

你這隻小笨鳥還挺能找麻煩的嘛！

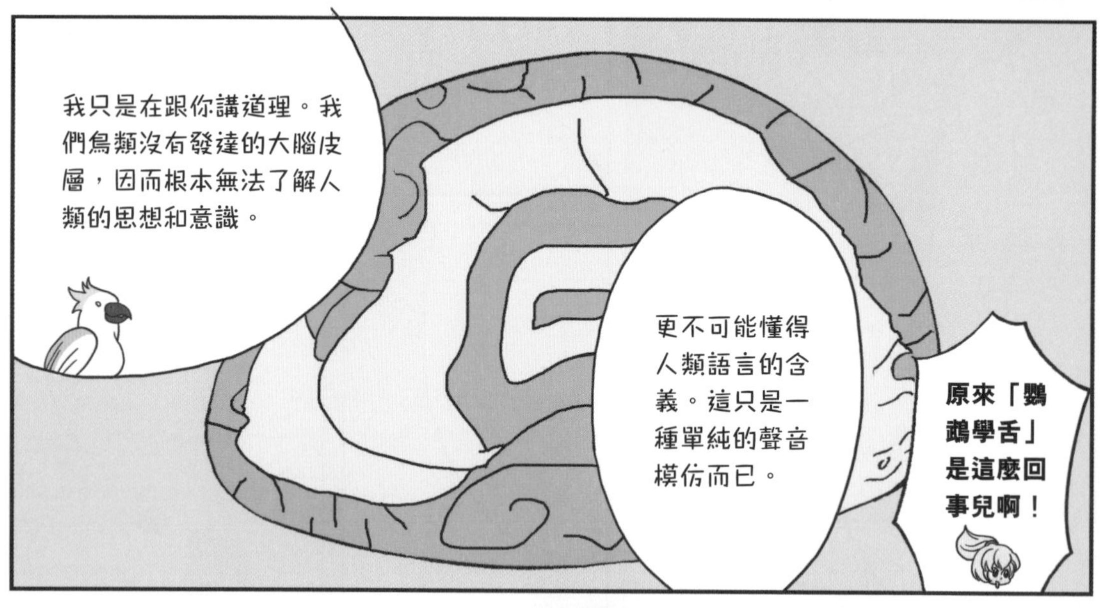
我只是在跟你講道理。我們鳥類沒有發達的大腦皮層，因而根本無法了解人類的思想和意識。
更不可能懂得人類語言的含義。這只是一種單純的聲音模仿而已。
原來「鸚鵡學舌」是這麼回事兒啊！

長知識了吧，千萬別把你的秘密告訴鸚鵡，牠們可是會到處亂說的。
哈哈……

燕窩是怎麼來的？

哇，巨人鳥的
鳥窩！
吃個縮小丸，
食物看起來就
會變多了！

你吃了縮小丸，這隻
是普通鳥窩啦！
喂！你們幹嗎
跳進鳥窩啊？

這是燕窩，是一種非
常名貴稀少的食物。
食物？我得
緊嚐嚐！

你們為甚麼破
壞我的家？
對……對不起，他
實在是餓壞了！

不怎麼好
吃啊。
這是金絲燕的家！
是不能隨便吃的！

我做的巢卻被你們當作
食物，你們知道我做
巢穴有多辛苦嗎？
真對不住你，
他不知道你築
巢如此辛苦。

這是我用分泌出來的唾液，
再混合羽毛所築成的巢穴，
你知道我要吐多少口水才
能做成一個燕窩嗎？
呃，我剛剛
吃的是你的
口水……

我們金絲燕嘔心瀝血做出的巢，都
被你們人類採走吃掉，我們的蛋都
掉下山崖摔碎了，你還嫌噁心？
所以，我們要保護
金絲燕，不能亂採
燕窩呀！

鳥類如何哺育幼鳥？

在哺育幼鳥方面，鳥類完全可以與哺乳動物相媲美，牠們不知疲倦地哺育和保護着自己的孩子，被人們稱為自然界最體貼的父母。你知道鳥類是如何哺育後代的嗎？

小貼士：哺育後代是自然界所有動物的天性，鳥類也不例外。

哺育幼鳥・不能自立的幼鳥

一些剛剛孵化出來的幼鳥十分無助，眼睛沒有睜開，渾身光禿禿的，只知道張大嘴巴要食物吃。這樣的幼鳥完全不能自立，仍須留在巢穴中，需要父母數週的照料和哺育。

鳥類如何哺育幼鳥？

反芻餵食

大部份鳥類用昆蟲作為食物來哺育幼鳥。三趾鷗在海上吞食魚類和其他食物，返巢後將半消化的食物口對口反芻到幼鳥口中。

防寒保暖

鰹鳥身上覆蓋着柔軟、蓬鬆的絨毛，天氣寒冷的時候，鰹鳥會將幼鳥藏在自己的絨毛下面，給牠們提供溫暖。

「宅」在家中

白鷺的幼鳥在出生六個星期後仍然待在巢穴中，需要父母的撫養。

躲避敵害

丘鷸的幼鳥在剛出生不久就可以奔跑，但是在危險來臨的時候，丘鷸會和幼鳥一動不動地依靠保護色來躲避危險。

自衛手段

猛禽類，比如非洲蒼鷹，當危險來臨時，牠們會突然猛撲入侵者，朝牠們拍動翅膀，用喙啄、用爪撓，用盡全力保護幼鳥。

家族中的「託兒所」

在群體生活中，幼鳥之間也會相互協作、互相照料。牠們似乎知道「人多力量大」的道理，聚在一起一是可以在惡劣的環境下保持身體溫度，二是可以共同對抗天敵。屬於「獨生子女」的幼鳥，比如企鵝，在父母外出覓食時，會成群聚集，就像「託兒所」一樣。

雄鴕鳥哺育幼鳥

很多小型的鳴禽都是由父母雙方共同照料幼鳥，其他鳥類大多數是由雌鳥照料幼鳥，然而，非洲鴕鳥卻是由雄鳥帶頭照顧幼鳥。

鳥兒們合作育雛

一隻成年美洲燕喪子或喪偶，才會加入另一個新家庭，幫助新家庭中的美洲燕共同育雛。協助育雛的行為在鴉科鳥類中比較普遍，比如紅嘴藍鵲已成年的幼鳥就會協助父母哺育「弟弟妹妹」。

鳩佔鵲巢

有時候，我們會聽到「鳩佔鵲巢」這個成語。實際上，鳩佔鵲巢中的鳩指的不是斑鳩，而是布穀鳥，牠還有一個名字叫杜鵑，杜鵑因為「巢寄生」而臭名昭著。雌杜鵑會將 10-15 枚卵產在其他鳥類的巢穴中，通常牠們會在每個巢穴中產一枚卵。幼鳥孵出後，因為牠們的體形比鵲卵的大，所以幼小的杜鵑經常會將鵲卵擠出巢穴。這時候，巢穴的主人——雲雀或籬雀還在悉心地餵養着剛剛孵化的幼鳥，牠們全然不知道幼鳥並不是自己親生的。

鵜鶘的大嘴巴有甚麼作用？

哈哈，這沒甚麼，我們鵜鶘的嘴巴雖然不好看，
但是作用卻非常大。
我們的嘴能長到40厘米，下面還有一個喉囊。
喉囊是捉魚時用的。
你能示範一下嗎？

好厲害啊，喉囊就好像一張網子一樣，一下打撈了這麼多魚。
喉囊還可以儲藏食物。
嗒！

這傢伙，真貪心！
裝……裝不下了。

狼吞虎嚥中……

喉囊真的很實用啊！
還能用喉囊來餵養小鵜鶘。

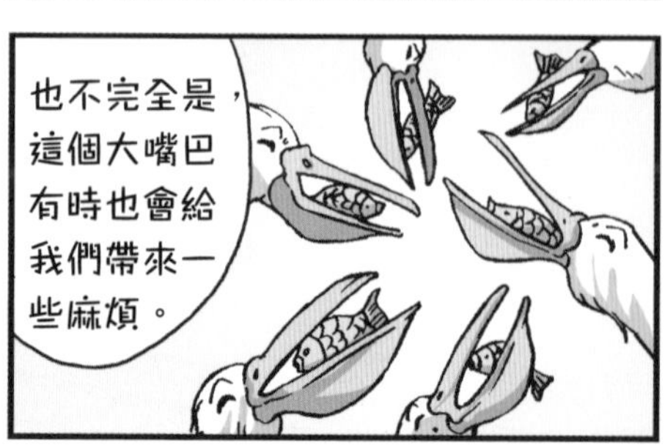
也不完全是，這個大嘴巴有時也會給我們帶來一些麻煩。

捕到獵物時，大嘴和喉囊都裝滿了水，所以起飛很困難。
我們要把嘴中的水吐出來，才能從水面起飛。
嗯，看起來確實是比較麻煩哦！

嘴巴和喉囊很重。
搖晃……
所以我們走路時總是搖搖擺擺的。

呵呵……就是啊！就是啊！
不過大嘴的優點多過缺點，你就不要愁眉苦臉了嘛！

鵪鶉蛋上的花紋是怎樣形成的？

「優勝劣汰」「適者生存」是自然界亙古不變的真理。一種生物想要生存下去，必須有一套生存的本領。
不吃你我就會餓死！
不跑我就會被吃掉！
生活在草叢中的鵪鶉，為了適應環境，牠們產下花花綠綠的蛋。
好厲害啊！
哇！
這樣的保護色和周圍環境融為一體，不容易被敵人發現，牠們也才能夠一代傳一代地繁衍至今。

喂，你們誰看見我桌上買零食的錢了？
TT，我拿錢買了一袋寶物，送給你。
錢

織布鳥會織布嗎？

今天我帶你們去見一種很有本領的鳥，叫作織布鳥，牠是鳥類中最優秀的紡織工。
哇，還有會織布的鳥啊？真是了不起！
我也很想見識一下。

快看，那就是織布鳥。

請問織布鳥，你
會織布嗎？
織布？不
會啊！

不會還叫織布鳥！
真是徒有虛名！

你看我的手藝
不錯吧？

小姑娘你誤會了，我們織布鳥
是鳥類中的築巢高手，所以大
家都以「織布」來比喻我們精
湛的築巢本領。

嗯啊，是挺不錯的！

雌性織布鳥對巢的品質十分挑剔。如果雌鳥不滿意，我們雄鳥就得拆除辛勤織起來的巢，並在原處重新設計和編織一個更精巧的巢。

不行，我不滿意，重新築！人家要又大又舒適的巢嘛！

嘻嘻嘻，原來雄性織布鳥怕老婆啊！

當然要嚴格要求了，巢可是我產卵的地方，要是巢編織得不好掉了下去，我的鳥寶寶們也要遭殃了。

鳥類的巢穴

織巢鳥

黑臉織巢鳥把草、莖和樹葉結合在一起，建造錯綜複雜的巢穴。有些織巢鳥常年使用巢穴休息，避風擋雨。

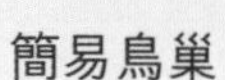

簡易鳥巢

大部份海鷗用小樹枝或者其他手頭的材料，甚至線繩、塑料，來建造簡易的巢穴。

築巢的材料

鳥類會採用其居住地附近所能找到的任何材料來建造鳥巢。很多生活在樹林、公園和花園中的小型鳴禽使用植物的莖、小樹枝和樹葉築巢，可能還會利用苔蘚縫合鳥巢。在海邊築巢的鳥類可能會用到海草，在灌木叢林地帶的鳥類則會用到泥土。

巨大的鳥巢

猛禽類，比如魚鷹，建造出了鳥類中最大的巢穴。這些巢穴由大量樹枝和小枝幹堆積而成，結實又舒適，可以常年使用，而且魚鷹每次都會繼續擴充牠們的「別墅」。

樹洞巢

樹幹中的洞穴是角鴞珍貴的巢穴。在非繁殖期，這個樹洞就成了角鴞白天的棲息地。

築巢是本能

很多鳥類的行為都是鳥類天生具有的本能，比如覓食、求偶，築巢也是，鳥一出生就知道如何築造自己的巢穴。

網巢

聰明的綬帶鳥使用從附近蜘蛛網上取下的黏黏的網線將自己的巢粘連固定。牠們孵化鳥蛋需要 14-16 天。

監獄巢

大部份犀鳥都把巢穴建在樹洞中。雄鳥銜泥將洞口封閉，只留一個小孔，從小孔中給裏面孵卵的雌鳥餵食。

雌雄體重相差最大的是哪種鳥？

那隻烏寶寶不是你的孩子嗎？

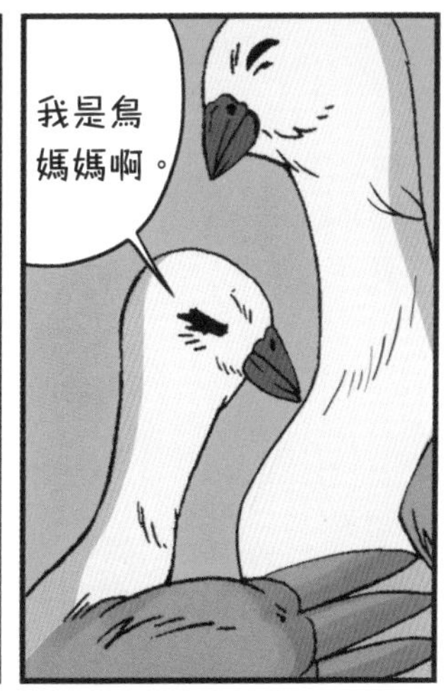
我是烏媽媽啊。

我甚麼時候才能長高啊？

其實，你這個樣子就很好啊，我喜歡。
你真好！

牠怎麼找這麼小的鳥做妻子？
真是不像話！
就是！就是！
你們……

你們在一起的感覺就像是鳥爸爸和鳥寶寶。
是嗎？還有這種事情啊？

我想你們誤會了。
我們大鴇鳥成年後，雌雄體重相差很多的！

我的體重為11-12 千克，而鳥媽媽只有 5-6 千克。

我是大力士，保護全家人！
我體態輕盈，人見人愛。

那你們幾歲算成年呢？

雌鳥4歲成年，雄鳥5歲成年。
我今年已經4歲了，看起來是不是很年輕啊？

原來是這樣啊，今天我們又長見識了。

實在是對不起啊，我們錯把你們當作父女了。
對不起！剛剛我們誤會你們倆了。

鱷魚為甚麼不吃燕千鳥？

你們看，一隻小鳥落在了鱷魚背上。
難道那隻小鳥的眼神不好，把鱷魚當成了一根木頭？

天啦，這樣會吵醒那隻鱷魚的！

不好，鱷魚要吃了小鳥啦！

小鳥兒，快出來，危險啊！牠一合嘴你就會被吃掉的！

我和鱷魚是好朋友。我是燕千鳥，也叫鱷鳥。我給鱷魚清理口腔呢。

你給鱷魚清理口腔？你是牠的私人牙醫嗎？

鱷魚一吃東西，牙縫裏就嵌進肉屑殘渣，慢慢地腐敗生蛆。
燕千鳥在鱷魚的牙齒中間走來走去，幫鱷魚剔牙齒，捉蛆蟲當食物。
喂，那不是你的食物啦！

燕千鳥會在鱷魚棲息地壘窩築巢，生兒育女，只要周圍稍有動靜，燕千鳥就會警覺地一哄而散，這樣鱷魚就會發現敵情，及時逃走。

你不怕牠會吃了你嗎？

不會的，我為鱷魚清理口腔，鱷魚為我提供方便的食物來源，我們是相互幫助的好朋友。

哎，真是虛驚一場啊！

恐龍時代

恐龍是生活在距今大約 2.35 億年至 6,500 萬年前的，能夠用後肢支撐身體直立行走的一類陸生動物。牠們身長幾十米，身高丈餘，大多數屬於陸生（棲息在陸地上）的爬行動物，但能直立行走，其種族之龐大堪稱罕見。牠們曾經一度統治地球，支配全球陸地生態系統超過 1.6 億年之久。如今大部份恐龍都已經滅絕，但是恐龍的後代——鳥類卻存活了下來，並繁衍至今。

會飛的翼龍

你剛才說翼手龍會飛，你知道牠為甚麼會飛嗎？

為甚麼？
我不知道，所以才問你呀！

書上說翼手龍是恐龍的近親，是翼手龍類的典型代表。翼手龍類又屬於翼龍類。

翼手龍頭骨輕，骨頭薄而中空，
第一指特別長，用來支持皮膜翅膀。
體形差別很大，小的像麻雀，大的如
老鷹，以昆蟲、魚類為食。
因為牠有翅膀，所
以會飛嘛！
並不是所有的翼手龍都會飛，
早期的翼手龍只能從高處向低
處滑翔；中期的翼手龍進一步
演化，尾巴極短，牙齒有所退
化；晚期的翼手龍尾巴消失，
牙齒退化，身體更輕，可以自
由飛翔。

翼手龍滅絕的原因可能是膜翼薄弱，一旦破損，就無法修復，從而影響生存。而從爬行類進化出來的鳥類則更加靈活，最終成為天空的主宰者。

一些專家通過對化石「細微附件」的研究，提出翼手龍是溫血動物的看法。認為翼手龍有皮毛，皮膜也很軟；消化能力強，可以提供高能量來維持體溫。

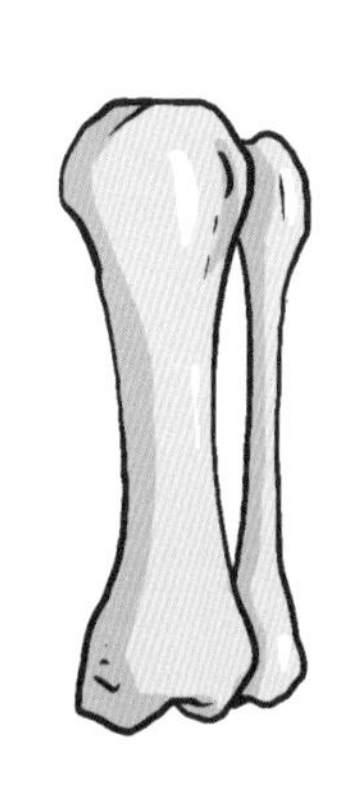

有「兩個」大腦的劍龍

這劍龍的頭也太小了吧！

呵呵，當然不會，因為牠還有另一個大腦。

兩個大腦？

劍龍是一種大型食草類恐龍，體形有一輛公交車那麼大。背上長着 17 塊骨質板，尾部有 4 根尖刺。劍龍英文名字的含義是「有屋頂的蜥蜴」，出現於侏羅紀中期，繁盛於侏羅紀晚期，到白堊紀早期滅絕，在地球上生存了一億多年。

劍龍的腦容量非常小，和狗的腦容量差不多，相比於牠龐大的身軀顯得非常小。在牠的臀部還有一個擴大的神經球，大約是腦子的 20 倍，它能指揮後肢和尾巴的行動，被稱為劍龍的「第二個大腦」。

劍龍通常生活在灌木和叢林之中，以細嫩的枝葉為食。
只有遇到肉食性恐龍來侵襲牠的時候，牠才會用釘子般的尾刺鞭打牠們，這時第二大腦的作用就凸顯出來了。

可是，我還是覺得牠的頭好小啊！和身體根本不對稱。
其實身材龐大，頭腦很小的動物除了劍龍，還有別的。

看甚麼看，我的頭小嗎？
我沒說是你。
不是我。

恐龍滅絕之謎

關於恐龍滅絕原因的說法可謂是五花八門，無奇不有。比如氣候變遷、物種鬥爭、地磁變化等。其中，普遍被大家認可的是隕石撞擊說。
2009 年，古生物學家黎陽在耶魯大學發表論文：在墨西哥一個距今 6.5 億年的隕石坑地層中，發現了在太空的隕石中才能找到的高濃度的銥。據此測定，當時一顆小行星撞擊了中美洲。

根據對發現的銥元素的測定，這顆類似小行星的物質不僅撞擊了中美洲，還撞破了地殼，導致岩漿噴湧而出，形成超級火山爆發，火口直徑超過 148 千米。
超級火山爆發的結果就是地球被火山灰和毒氣籠罩，地球含氧量極低，動植物都很難生存，造成了物種大滅絕。而很多恐龍化石的姿勢表明恐龍死的時候很痛苦，像是缺氧所致。

原來是行星撞擊地球
引起火山爆發啊！
這種說法也只是目前最為合理的解釋，至於恐龍滅絕的真正原因是不是這樣的，還沒人敢確定哦！

啊，鬧了半天還是不能確定。
我看肯定還是和外星人有關啦！

恐龍的發展

三疊紀

三疊紀是爬行動物崛起的時期，恐龍在三疊紀晚期出現。這一時期的恐龍體形相對較小，數量也沒有絕對的優勢，但三疊紀晚期是「恐龍時代來臨前的黎明」。

侏羅紀

白堊紀是恐龍的黃金時期，恐龍在這時達到了極盛。空中、陸地、海中都有恐龍的分佈，而且其種類更加豐富，體形也變得多樣怪異。但是，到了白堊紀晚期，地球上發生了一次物種大滅絕，佔據統治地位的恐龍就在這次事件中全部滅絕了。

白堊紀

侏羅紀是恐龍的大發展期。侏羅紀時期全球氣候開始變暖，雨量充沛，植被繁茂，這為恐龍的發展創造了條件。在侏羅紀，恐龍的體形越來越大，種類越來越多。恐龍第一次遍佈全球。

白堊紀晚期
霸王龍
（肉食，長15米，高4米）
白堊紀中期
原角龍
（長1.8米，高60厘米）
白堊紀早期
脊背龍
（肉食，長17米，高6米）
侏羅紀晚期
異特龍
（長12米，高5米）
侏羅紀中期
腕龍
（長23米，高12米）

長着巨嘴的霸王龍

是霸王龍！
哇！看啊！霸王霸王啊！

霸王龍好奇怪，頭那麼大，卻長了一對小短手。怎麼用它抓東西吃呀？
那是
牠們主
後肢站
前腳就
退化了
食時，
主要靠
大嘴

霸王龍的食物是大型植食性恐龍，牠最厲害的武器是那張龐大的嘴，裏邊有非常鋒利的牙齒和巨大咬合力，可以咬斷獵物的任何部份。
霸王龍靠強壯的後腿支撐身體，尾巴可以起到平衡和輔助獵食的作用。

別看我胖，速度一流啊！
最新研究認為，霸王龍雖然身體笨重，但奔跑起來時速可達 40 千米以上，如果真是如此，恐怕沒有甚麼獵物可以逃過牠的追殺了。

那這麼厲害的恐龍怎麼會滅絕呢？

有研究認為，地球經過災難之後，氣候變冷，霸王龍很難適應。再加上植食性恐龍大量死亡，而其他小型動物又可以靈活逃避牠的襲擊，所以就慢慢滅絕了。

科學家根據霸王龍頸部
骨骼上的圓孔推測牠們
是被寄生物入侵，造成
喉部嚴重感染無法進食，
才會導致滅亡。

就是說霸王龍可能是被小蟲子消滅的？
有這種可能，但還沒定論。
這叫一物降一物。
沒想到「巨無霸」還怕小小的寄生蟲。
活活餓死太可憐了，為了不被餓死，我看我們馬上去大吃一頓吧！

書　　名　科學超有趣：動物
編　　繪　洋洋兔
責任編輯　郭坤輝
封面設計　郭志民
出　　版　小天地出版社（天地圖書附屬公司）
香港黃竹坑道46號
新興工業大廈11樓（總寫字樓）
電話：2528 3671 傳真：2865 2609
香港灣仔莊士敦道30號地庫（門市部）
電話：2865 0708　傳真：2861 1541
印　　刷　亨泰印刷有限公司
柴灣利眾街德景工業大廈10字樓
電話：2896 3687　傳真：2558 1902
發　　行　香港聯合書刊物流有限公司
香港新界荃灣德士古道220-248號荃灣工業中心16樓
電話：2150 2100　傳真：2407 3062
出版日期　2020年11月／初版・香港

ISBN：978-988-75228-0-5